Datos del Autor

Nombre: **Boris Misael Mijares Mijares**

Títulos: **Ingeniero de Sistemas (UNEXPO)**

Magister Sciantiarium en Ingeniería Industrial (UNEXPO)

Doctorando en Ingeniería y Administración de Empresas (UPM)

Diseñador del Metodo de Toma de Decisiones Gerenciales llamado **Método de Optimización de Servicios**

Experiencia Laboral: 15 años en el área del servicio eléctrico de los cuales 3 años ejerció el liderazgo para la Implantación de Cable de Fibra Optica ADSS para redes eléctricas durante 3 años en el proyecto de red de banda ancha, asi mismo, ejercio la función de Coordinador e Inspector de Instalación de cable de Fibra Óptica OPGW durante 6 años. Además de asesorar la automatización de las construcciones de subestaciones inteligentes y plantas de generación eléctrica.

UNEXPO: Universidad Nacional Experimental Politécnica – Venezuela

UPM: Universidad Politécnica de Madrid - España

Índice

Prologo

Especificaciones Técnicas del Cable de Fibra Optica _____ 6

Fibra Óptica para el Cable OPGW _____ 6

Capas Exteriores o Armadura del Cable OPGW _____ 8

Fibra Óptica ADSS _____ 11

Fibra Óptica Dielectrica _____ 12

Concepto de Red de Banda Ancha _____ 13

Característica de la Fibra Optica _____ 13

Levantamiento de Información OPGW _____ 15

Levantamiento de Información ADSS _____ 16

Calculo de Posteadura _____ 17

Levantamiento de Información Dieléctrico _____ 19

Tendido de Fibra Optica _____ 20

Tendido de Cable ADSS _____ 20

Tendido de Cable OPGW _____ 23

   Características del Cable OPGW _____ 24

   Elementos de Fijación del Cable OPGW _____ 25

   Esquema General del OPGW Instalado _____ 28

- Instalación de la Cuerda Kevlar _____ 28
- Tendido del Cable OPGW en líneas Energizadas Caliente __ 30
- Método de Tendido en líneas OPGW des energizadas _____ 36
  - Lista de Materiales _____ 37
- Tendido de ADSS _____ 39
  - Materiales del Tendido _____ 41
  - Métodos de Tendidos _____ 45
  - Colocación de Herrajes y Tendido _____ 48
- Tendido de Cable Dielectrico _____ 50
  - Tipos de Tendido Subterraneo _____ 55
  - Método de Tendido por Soplado _____ 60
- Instrucción de Instalación para Caja de Empalme OPGW ____ 64
- Medición, Fusión y Mantenimiento de Fibra Optica _____ 75
  - Tipos de Conectores y Carcteristicas _____ 75
  - OTDR _____ 81
  - Bobina de Lanzamiento _____ 83
  - Tabla de Mediciones para pruebas _____ 83
  - Diagrama de Conexiones _____ 83
  - Calculo de Atenuación _____ 84

Configuración del OTDR___84

Tipos de Atenuación de Fibra Óptica___85

Procedimiento para manejar la empalmado___87

Planilla de Medición de Fibra Optica___90

Distribuidor de Fibra Optica___91

Microscopio óptico___92

Referecias Electronicas___93

Prologo

El Objetivo de esta obra es ayudar a utilizar una serie de criterios importantes para trabajar con el cable de fibra óptica en el ámbito de diseño del cable, realizar ingeniería de tendidos, aplicación de protocolos de pruebas de certificación y/o mantenimiento para obtener unos resultados adecuados para obtener calidad en los empalmes. En las redes de servicio eléctrico y no eléctricos, incluyendo la subestaciones y plantas, así mismo, se indican los pasos para el levantamiento de información, para las diferentes tipos de fibra óptica OPGW, ADSS y Dieléctrica.

El Libro está orientado ab casos prácticos, los cuales muy pocos libros lo tratan, además se recomiendan, procedimientos importantes para el mantenimientos de la fibra y se recomienda como hacer las especificaciones técnicas que se adecuen a las necesidades del proyecto y más cuando se trabaja en las instalaciones eléctricas de diferentes niveles de voltajes, las cuales requieren criterios especiales a considerar para realizar el tendido.

Se Recomienda el asesoramiento de personas altamente calificada a la hora de diseñar e instalar redes de fibra óptica.

Boris Mijares

ESPECIFICACIONES TECNICAS DE CABLE DE FIBRA OPTICA:

Para realizar todo el proceso de levantamiento de información y la ingeniería básica del proyecto es importante conocer los procedimientos mínimos necesarios de las especificaciones técnicas del cable de fibra óptica que se desea instalar se debe tomar en cuenta las siguientes características:

Ópticos: Determinación del número y tipo de fibras ópticas que debe albergar

Dimensionales: Diámetro máximo admisible

Atenuación: atenuación por kilómetro de la fibra

Mecánicos: Peso máximo admisible, Carga de rotura mínima, Coeficiente de dilatación, térmica lineal máximo, Módulo de elasticidad mínimo.

Eléctricos: Energía de cortocircuito mínima, Resistencia óhmica máxima, La longitud estándar de las bobinas suministradas está entre los 2.000 y 6.000 metros, según la configuración de la línea

Una vez aclarada estas características se muestran a continuación en las especificaciones Técnicas de un cable de fibra OPGW para Líneas de Transmisión de 230 Kv realizado por el Ing. Humberto Cabrera de la Empresa CORPOELEC 2011:

Primero:
Definir el Nivel de Tensión: 230 Kv
Característica Ópticas:
Número de Fibras: 48
Tipo de Fibra: 652 D
Atenuación: 0.2 db/km
Cumplir con las siguientes Normas ASTM, IEEE y TIA:

- ✓ **American Society for Testing and Materials (ASTM):** Sociedad Americana para Pruebas y Materiales.

- ✓ Institute of Electrical and Electronics Engineers **(IEEE): Intituto de Ingenieros Electricos y Electronicos**
- ✓ EIA/*TIA*, Electronic Industries Association/Telecommunications Industry Association

Normas del Material
- ASTM   B483-92 ALUMINUM PIPE
- ASTM   B416-93 ALUMINUM CLAD STEEL CONDUCTORS.
- ASTM   B415-92 ALUMINUM CLAD STEEL WIRE   20.3%.
- ASTM   B398-90 ALUMINUM ALLOY 6201 WIRE.
- IEEE   STD. 1138-1994.
- TIA 598 C.

Asimismo, el cable de guarda OPGW y su instalación debe cumplir con las estándares de Corporación Eléctrica CORPOELEC:

- NORMAS GENERALES PARA PROYECTO DE LÍNEAS DE TRANSMISIÓN A 115 KV y 230 KV.
- Una capa o varias capas compuestas por hilos de Alumoclad (ALUMINUM CLAD STEEL) y/o Aleación de Aluminio (Tipo 6201).
- Uno o varios tubos donde van colocadas las Fibras Ópticas, ubicados en una posición central o en alguna de las capas internas, elaborado de acero inoxidable recubierto por una chaqueta o tubo íntimamente adherido de aluminio, a objeto de reducir el riesgo de corrosión galvanica.

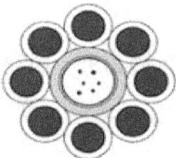 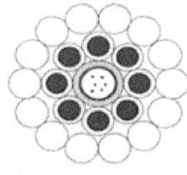

Vista frontal del cable

- 48 hilos de Fibra Óptica tipo Monomodo y elemento de protección, optimizados para operar en el espectro de longitud de onda desde 1260 nm hasta 1625 nm (UIT-T G.652.D, bajo pico de agua).
- El OPGW deberá venir transportado en carretes, los cuales contendrán una longitud mínima de cinco (5) Kms de cable.

CAPAS EXTERIORES O ARMADURA:

- Estará constituida por hilos de Alumoclad y/o aleación de aluminio tipo 6201, de tal forma de minimizar el riesgo de corrosión galvánica
- Todos los alambres integrantes del cable, deberán estar libres de polvo, grietas, marcas ó cualquier otro tipo de imperfecciones.
- El conductor deberá estar trenzado en forma uniforme y apretada, sin alambres flojos.

TUBO:

- El tubo donde se colocan las fibras será de acero inoxidable recubierto por una chaqueta de aluminio y ocupara una posición central. Debe ser diseñado de tal manera que no permita que se transmitan a las Fibras Ópticas ningún tipo de esfuerzo mecánico externo, ya sea de tracción, doblado, torsión, golpes, etc.
- El tubo deberá estar herméticamente cerrado para prevenir el ingreso de agua ó la penetración de moléculas de hidrógeno.
- El tubo de acero deberá ser manufacturado utilizando la técnica de trazado de soldadura por rayo láser, mientras que la unidad del tubo de acero inoxidable recubierta de aluminio será elaborada empleando la

combinación de la avanzada soldadura laser de tubo con la técnica de extrusión y revestimiento continuo.

UNIDAD ÓPTICA Y ELEMENTOS DE PROTECCIÓN:
- Las Fibras Ópticas deben constituir estructuras holgadas (Loose). Las fibras deberán estar colocadas dentro del tubo con una holgura en exceso entre un 0,1 % y un 0,6%.
- Para evitar fricciones que puedan dañar la chaqueta de las Fibras Ópticas, se debe contar con chaquetas resistentes que las protejan del contacto directo con el tubo metálico.

CARACTERÍSTICAS DEL CABLE OPGW.

Dimensiones

Grosor del tubo de acero inoxidable: 0.2 mm a 0.4 mm.
Grosor de la capa de aluminio: 2.0 mm a 4.0 mm.
Hilos de Alumoclad y/o compuesto de Aluminio:
- Mínimo Diámetro de cada hilo: 3.0 mm.

Máximo Diámetro total del Cable OPGW: 15.5 mm

Mecánicos

Carga mínima de rotura del Cable OPGW: 70 KN.
Máximo peso total del Cable OPGW: 550 Kg/Km.
Resistencia DC (20°C):   0,38 ohm/ Km $\pm$ 5%.
Módulo de Elasticidad: 98 $\pm$ 15% KN/mm2.
Coeficiente de expansión linear: 17,5 x10^{-6} /°K $\pm$ 5%

Eléctricos

Mínima capacidad de corto circuito
(40°C ambiente):   100 $(KA)^2$ .Seg,
(depende del nivel de cortocircuito de las líneas de transmisión este parámetro requiere aprobación del área de planificación de transmisión)

Óptica

Norma UIT-T	**G.652.D**
Número de fibras por cable	96.
Diámetro del núcleo	8,3 um
Diámetro del revestimiento	125 um ± 1um
Diámetro del recubrimiento	245 um ± 5um
Atenuación a 1625 nm	≤ 0,23 dB/Km
Atenuación a 1550 nm	≤ 0,22 dB/Km
Atenuación a 1330 nm	≤ 0,34 dB/Km
No circularidad del revestimiento	≤ 1%
Longitud de Onda de Corte	≤ 1260 nm
Pendiente de dispersión cero	< 0,090 Ps/(nm^2. Km)
Dispersión (1285-1330 nm)	< 3,5 ps/(nm . km)
Dispersión (1550 nm)	≤ 18 ps/(nm . km)
Índice de refracción núcleo vs cubierta	0,34%
Atenuación adicional por curvatura a 1550 nm	≤ 0,10 Db
Atenuación adicional por temperatura a 1550 nm	≤ 0,05 dB
PMD (Dispersión del Modo de Polarizacion)	≤ 0.2 ps/√km
Temperatura aceptable de operación	-60 ªC + 85 °C

CARACTERISTICAS DEL CABLE ADSS

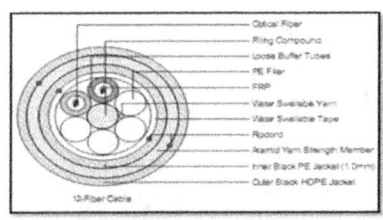

Cable ADSS, nivel de tensión 34.5, 24 Fibras G652 D	
Condiciones Ambientales del Cable	
Máximo Span	300 m
% de Flechado del Cable	1.0% a ≥ 1.5%
Rango de Temperatura	-40^0C a 70^0C
Características del Cable	
Numero de Fibra	24
Máxima Tensión de Trabajo (sin tensión de la fibra)	8.8 kN (900 kg)
Atenuación	0.2 db/km
Resistencia a la tracción estimada	22.4 kN (2289 kg)
Coeficiente técnico de expansión	13.54×10^{-6}
Módulo de Elasticidad	11.83 kN / mm^2
Radio de curvatura mínimo	Dinámico 700mm, Estatico 350mm
Resistencia de Crush	2000 N/10 cm
Intensidad de Campo Eléctrico Máximo	≤12Kv/m probado de acuerdo a la IEEE P1222
Chaqueta Interna (Material/Espesor)	HDPE / 1.0 mm
Chaqueta Externa (Material/Espesor/Raya)	UV HDPE / 1.8 mm a 1.5 mm/2 colores
Diámetro del cable	13.3 mm
Peso aproximado del cable	140kgs/km
Área de Aramida	11.5 mm^2
Ambiente Mecánico	
Resistencia de Tracción	Longitud bajo tensión >= 50m, Carga 202 kg
Resistencia de Crush	1,100 N/50 mm para 10 min, IEC 60794-1-2 E3
Resistencia de Impacto	IEC 60794-1-2 E3
Torsión	IEC 60794-1-2 E7
Ciclo de Temperatura	IEC 60794-1-2 F1, Rango de Temperatura: 23°C – 30°C, 60°C, 23°C

CARACTERISTICAS DEL CABLE DIELECTRICO ANTIRROEDOR

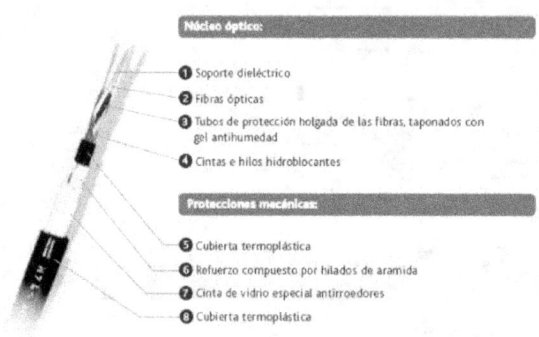

Núcleo óptico:
1. Soporte dieléctrico
2. Fibras ópticas
3. Tubos de protección holgada de las fibras, taponados con gel antihumedad
4. Cintas e hilos hidroblocantes

Protecciones mecánicas:
5. Cubierta termoplástica
6. Refuerzo compuesto por hilados de aramida
7. Cinta de vidrio especial antirroedores
8. Cubierta termoplástica

Fibra Optica Dieléctrica antirroedor 652-D Libre de Hidrogeno	
Diámetro	16 mm
Nro de Fibra	24
Nro de Buffer	4
Norma UIT-T	G.652-D
Diámetro del Nucleo	125 um ± 1um
Diámetro del recubrimiento	245 um ± 7um
Atenuación a 1550 nm	$\leq$ 0,20 dB/Km
Atenuación a 1330 nm	$\leq$ 0,30 dB/Km
No circularidad del revestimiento	$\leq$ 1%
Longitud de Onda de Corte	$\leq$ 1260 nm
Pendiente de dispersión cero	0,090Ps/(nm^2. Km)
Dispersión (1285-1330 nm)	$\leq$ 3,5 ps/(nm . km)
Dispersión (1550 nm)	$\leq$ 18 ps/(nm . km)
Índice de refracción núcleo vs cubierta	0,34%
Atenuación adicional por curvatura a 1550 nm	$\leq$ 0,10 Db
Atenuación adicional por temperatura a 1550 nm	$\leq$ 0,05 dB
PMD (Dispersión del Modo de Polarizacion)	$\leq$ 0.2 ps/$\sqrt{km}$
Temperatura aceptable de operación	-60 ºC + 85 °C
Físicas y mecánicas:	
RESISTENCIA A LA TRACCIÓN	IEC 794-1-E1 350 daN
RESISTENCIA AL APLASTAMIENTO	IEC 794-1-E3 30N /mm2
RESISTENCIA AL IMPACTO	IEC 794-1-E4 5J
CICLO TÉRMICO DE OPERACIÓN	IEC 794-1-F1 -20 °C/+70°C
CURVATURA	IEC 794-1-E11,pro.1 10xΦ del cable
NO PROPAGACIÓN DE LA LLAMA	UNE 20432/1
NO PENETRACIÓN DE AGUA	IEC 794-1-F5
CHAQUETA INTERNA MATERIAL / ESPESOR	HDPE / 1.0 mm
Armadura dieléctrica compuesta por hilados de aramida o **Kevlar**	
Trenza de fibra de vidrio especial Antirroeedores	
CHAQUETA EXTERNA MATERIAL/ ESPESOR/RAYA	HDPE / 1.8 mm a 1.5 mm/2 colores

La máxima efectividad se obtendrá cuando la ubicación de la armadura dieléctrica este entre dos (2) cubiertas. En general, la chaqueta interior servirá de protección del núcleo óptico y de soporte de la armadura dieléctrica y la chaqueta exterior de protección final.

Red de Banda Ancha:

Según la Comisión de la ITU se refiere a la **banda ancha** como una "infraestructura de red fiable, capaz de ofrecer diversos servicios convergentes a través de un acceso de alta capacidad con una combinación de tecnologías".

Asi mismo el término **Red:** se define como un conjunto de dispositivos interconectados físicamente que comparten recursos y que se comunican entre sí a través de reglas (protocolos) de comunicación. Por ello, podemos definir que Red de Banda Ancha de CORPOELEC como un conjunto de dispositivos interconectados físicamente por Luz y Radio donde convergen una serie de servicios que son transportados a alta capacidad que esta limitada a la velocidad de los dispositivos que conectan a la Red.

Fibra Óptica:

Es un medio de transmisión de información analógica o digital. Las ondas electromagnéticas viajan en el espacio a la velocidad de la luz. Básicamente, la fibra óptica está compuesta por una región cilíndrica, por la cual se efectúa la propagación, denominada núcleo y de una zona externa al núcleo y coaxial con él, totalmente necesaria para que se produzca el mecanismo de propagación, y que se denomina envoltura o revestimiento.

A continuación se muestran las características de dos tipos de fibra ópticas utilizadas en el proyecto de Red de Transporte de Banda Ancha.

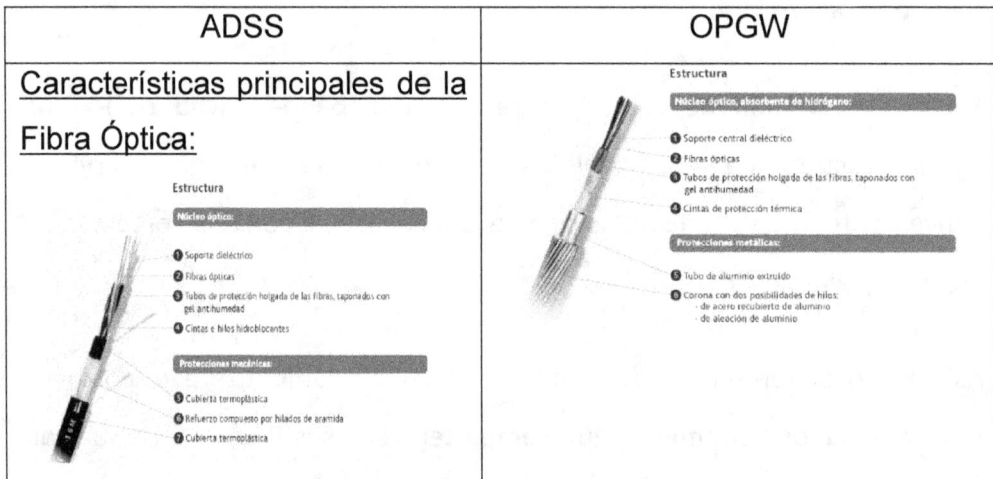

Fuente: Sistema de Cableado Solución Pirelli OPGW

Características Principales de la Fibra Óptica:

La capacidad de transmisión de información que tiene una fibra óptica depende de tres características fundamentales:

> Del diseño geométrico de la fibra.

> De las propiedades de los materiales empleados en su elaboración. (Diseño óptico)

> De la anchura espectral de la fuente de luz utilizada. Cuanto mayor sea esta anchura, menor será la capacidad de transmisión de información de esa fibra.

LEVANTAMIENTO DE INFORMACIÓN

Para realizar el levantamiento de información para el tendido de fibra óptica se debe contemplar primero el alcance del proyecto, costo de la obra, tipo de cable a instalar, logística de levantamiento de información, zona piloto a trabajar con la finalidad de evaluar métodos y técnicas, los cuales se complementaran con las recomendaciones de una serie de criterios, indicadas en este material a la hora de realizar la inspección para realizar la ingeniería en las redes eléctricas tanto aéreas como subterráneas:

Levantamiento de información en las líneas de transmisión para realizar la ingeniería de instalación de cable OPGW:

- Realizar la Planificación del cronograma de visita.
- Entregar el cronograma de visita al personal del proyecto el cual lo gestionara ante el centro nacional de despacho por lo menos 5 días de anticipación.
- Solicitar el permiso de sobre vuelo
- En el sobre vuelo se recomienda estar en el helicóptero o avioneta un personal operativo de líneas de transmisión
- Verificar si se tiene la autorización del sobre vuelo en las líneas
- Utilizar linieros para indicarle con una bandera la torre la cual se le debe tomar las coordenadas
- Levantar la información de los caminos de llegada a las torres y verificar las condiciones
- Se recomienda utilizar tecnología de punta para obtener la información de la condiciones de la estructura de la torre y cable a cambiar.
- Coordinar con el encargado del proyecto los permisos ambientales utilizando la condición de mantenimiento de líneas eléctrica, ya que se realizará una sustitución de un cable de guarda convencional por un OPGW.
- Utilizar el GPS para obtener todas las coordenadas de las torres.

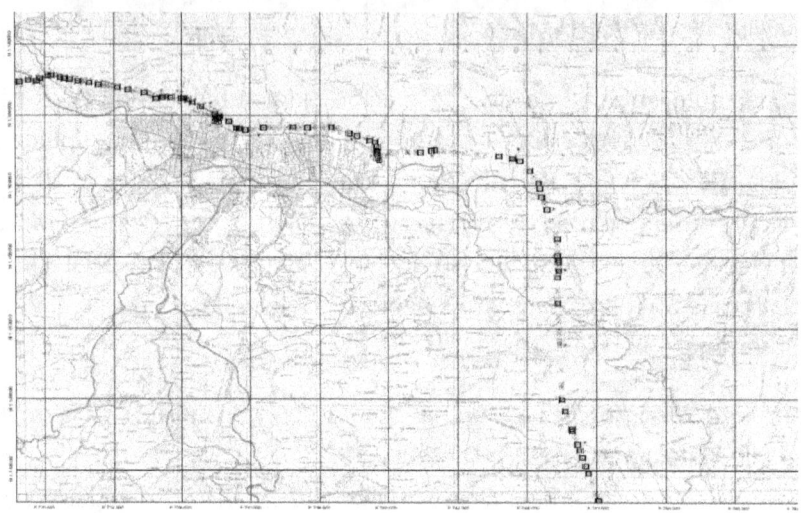

Plano de la ruta del tendido de OPGW levantado

Levantamiento de información en las líneas de transmisión para realizar la ingeniería de instalación de cable ADSS:

- Realizar la Planificación del cronograma de visita.
- Entregar el cronograma de visita al personal del proyecto el cual lo gestionara ante el centro nacional de despacho por lo menos 5 días de anticipación.
- Tomar las coordenadas de todos los postes que intervienen en el paso de la fibra.
- La persona debe estar acompañado de un personal de líneas de distribución para indicarle los nombres de los circuitos por donde se pasara la fibra.
- Levantar la información de los postes de alta tensión en las líneas de distribución (34.5, 24, 13.8 kv recomendado)
- Anotar los transformadores que están en la ruta
- Identificar el estado de los postes
- Revisar el estado de las líneas si se requiere una poda o colocar separadores de conductores de madera.
- Levantar las coordenadas de los sitios de llegada
- Tomar fotos del recorrido
- Anotar en una planilla donde se refleje todos los datos levantados
- Anotar los servicios existentes en la posteadura

- Al finalizar hacer una minuta del recorrido realizado y anotar observaciones.

Mapa de Recorrido de la Linea S/E San Ignacio A- S/E Sede Administrativa

Calculo de Posteaduras para hacer el tendido del Cable

Con la finalidad de asegurar las condiciones de los postes y de la fibra tendida se recomienda realizar los cálculos de Magnitud los cuales ayudara a realizar el tendido, debido a que se realiza un estudio a las condiciones sometidas.

En el caso de Venezuela se realiza el análisis con vientos mayores a 115 kmxh, en el siguiente ejemplo se realiza el análisis para la siguiente línea:

Ejemplo de la Linea S/E San Ignacio A- Sede Administrativa:

. Cálculos detallados de la fuerza del viento sobre el cable y poste.

Magnitud	Formula	Sustitución	Resultado
Área promedio del poste A_p	$\dfrac{(\emptyset_1 + \emptyset_2)H_p}{2}$	$\dfrac{(0{,}139 + 0{,}089)m \times 9{,}14m}{2}$	$1{,}045\ m^2$
Área promedio del conductor A_c	$\emptyset_c \times V_m$	$0{,}013\ m \times 50m$	$0{,}665\ m^2$
Presión máxima del viento sobre el poste: $P_{vpmáx}$	$k_v \times 1{,}4 \times (120^2)\left(\dfrac{H_e}{10}\right)^{\left(\frac{1}{6{,}25}\right)}$ $k_v = 0{,}00472$	$0{,}005 \times 1{,}4 \times (120^2)\left(\dfrac{2{,}39}{10}\right)^{\left(\frac{1}{6{,}25}\right)}$	$75{,}67\ \dfrac{kg}{m^2}$
Presión máxima del viento sobre el conductor $P_{vcmáx}$	$k_v \times 1{,}4 \times (95^2)\left(\dfrac{H_c}{10}\right)^{\left(\frac{1}{3{,}5}\right)}$ $k_v = 0{,}00472$	$0{,}005 \times 1{,}4 \times (120^2)\left(\dfrac{6{,}35}{10}\right)^{\left(\frac{1}{3{,}5}\right)}$	$37{,}67\ \dfrac{kg}{m^2}$
Fuerza de viento: F_v	$P_{vpmáx} \times A_p + P_{vcmáx} \times A_c$	$75{,}67 \times 1{,}05 + 37{,}67 \times 0{,}67$	$104{,}11\ kg$
Fuerza de viento en cumbre: F_{veq}	$F_v \times \dfrac{H_e}{H_p}$	$104{,}11 \times \dfrac{2{,}39}{9{,}14}$	$27{,}22\ kg$

Cálculos detallados del esfuerzo en cumbre de poste.

Magnitud		Formula	Sustitución	Resultado
Tensión del cable en cumbre:	T_{ceq}	$T_c \times \dfrac{Hc}{Hp}$	$13 \; kgx \; \dfrac{6{,}50m}{9{,}14m}$	$9{,}25 \; kg$
Tensión resultante del cable en cumbre:	T_{cr}	$2xT_{ceq}x\cos\left(\dfrac{\alpha}{2}\right)$	$2x9{,}25 kgx\cos\left(\dfrac{45}{2}\right)$	$17{,}08 \; kg$
Fuerza total del sistema sobre el poste en cumbre:	F_t	$T_{cr} + F_{veq}$	$9{,}25 \; kg + 17{,}08 \; kg$	$44{,}308 \; kg$

Levantamiento de información en las líneas de transmisión Subterraneas para realizar la ingeniería de instalación de cable dieléctricos en acometidas:

- Realizar la Planificación del cronograma de visita.
- Entregar el cronograma de visita al personal del proyecto el cual lo gestionara ante el centro nacional de despacho por lo menos 5 días de anticipación.
- Tomar las coordenadas de las tanquillas.
- La persona debe estar acompañado de un personal de líneas de distribución para indicarle los nombres de los circuitos por donde se pasara la fibra.
- Levantar las tapas de las tanquillas y verificar el estado en que se encuentra.
- Fotografiar los sitios
- Levantar los servicios existentes
- Fotografiar los ductos en caso que existan
- Utilizar un explosimetros en caso que estén cerca de unas instalaciones de gas o gasolina.
- Utilizar un detector de servicios de agua, gas, etc en caso de utilizar una zanjadora
- Utilizar escalera, arnés, ohmímetro, GPS ,llaves para tanquillas y sótanos,
- Levantar las coordenadas de los sitios de llegada

- Anotar en una planilla donde se refleje todos los datos levantados
- Al finalizar hacer una minuta del recorrido realizado y anotar observaciones.

Partes que deben tener las ingenierías presentadas

- Identificar el número de contrato
- Nombre de la línea realizada
- Foto del sitio en la portada
- Logo de la empresa contratista y contratante
- Fecha de elaboración
- Firma de elaboración, revisión y aceptación de todas las partes involucradas y sellarlas
- Índice
- Resumen
- Introducción
- Descripción del trabajo
- Planos
- Cálculos mecánicos de los postes, torres, etc
- Especificaciones técnicas de la fibra y cajas de empalme
- cronograma

Tendido de Fibra Óptica

El Tendido de Fibra Óptica en las Redes Eléctricas, se divide en todas las área de las empresas eléctricas, como son Generación, Transmisión y Distribución de energía eléctrica, donde se utilizan las torres, postes y bancadas para instalar los cables.

Tendido de Cable de Fibra Óptica Auto-soportado ADSS:

El tendido de cable ADSS se realiza en las posteaduras de las redes de distribución de energía eléctrica, por ello es recomendable diseñar el cable para ser instalado en el nivel máximo de tensión de distribución que surte la empresa distribuidora de energía, para garantizar que la chaqueta del cable soporte la intensidad máxima del campo eléctrico según la norma IEEE P1222, por ejemplo la empresa CORPOELEC tiene un nivel máximo de tensión en estas líneas de 34.5 Kv y el cable se diseñó para soportar un campo eléctrico máximo de ≤12Kv/m

Como Realizar el Tendido:

El tendido se puede realizar en caliente o en frio según las condiciones del circuito y el cable se coloca entre 40 cm a 1,5 mts de las líneas de distribución, cuando la fibra óptica es de la empresa eléctrica y 3 mts cuando son servicios a terceros, por ello el cable se instala con las líneas de distribución energizadas utilizando para ello un camión cesta y cuando se tiene casos especiales, donde resulta complicado trabajar se desergeniza el circuito para realizar el tendido por la posteadura.

Cabe destacar que es importante conocer las especificaciones técnicas de la fibra óptica ADSS a instalar, con la finalidad de realizar la ingeniería donde se calcule todos las tensiones las cuales estará sometido el poste al agregar este cable adicional además se indique las características mecánicas del mismo y el SPAM máximo del cable.

Zonas donde se realiza el Tendido:

Tendido Rural:

Son los tendidos realizados en las zonas rurales adyacentes a las ciudades principales de la zona, es decir en carreteras (llano, montaña, selva, etc.), Se hacen tendidos paralelo / cruces de dichas carreteras, todo en el ámbito cercano al poblado.

Tendido Sub Urbano:

Son los realizados en las áreas sub-urbanas de la población como en las calles aledañas a una ciudad por lo cual se hacen tendidos paralelos, cruces de dichas calles del poblado.

Tendido Urbano:

Son los tendidos realizados en las calles de la ciudad, los cuales se realizan en las posteaduras paralelas, cruces de calzadas, calles y avenidas.

Elementos Importantes para realizar el Tendido:

Flechaje:

Es la distancia entre la recta que une los puntos de fijación del cable en los postes extremos de un tramo y la curva formada en su tendido (llamada catenaria) originada por el propio peso del cable. La flecha máxima dependerá de las diferencia de altura. En postes sembrados a la misma altura está ubicada en el medio del trayecto.

Vano:

Es el tramo de poste a poste para la sujeción de un cable aéreo con Fibra Óptica. Los vanos Cortos van de 20 a 180 m. Los vanos largos van de 180 a 1000 m.

Pórtico:

Punto de acceso a una Sub Estación formado por una estructura metálica donde converge una línea de transporte de energía eléctrica de entrada ó de salida a dicha sub estación.

CABLE DE TIERRA OPTICO (OPGW):

El Cable de Tierra Óptico (OPGW (Optical ground Wire), es el cable de guarda que tiene en su interior fibra óptica y es utilizado principalmente en las empresas de servicios eléctricos, los cuales van colocados en la puntina de las torres que soportan las líneas de transmisión. Este protege al sistema de transmisión de descargas atmosféricas mientras que proporciona una vía de telecomunicaciones segura en su interior, así como las comunicaciones de terceros y esta diseñado para soportar las tensiones mecánicas aplicadas a los cables aéreos por factores ambientales tales como el viento, hielo y salitre (opgw alumoweld con grasa anticorrosión)

Por ello podemos afirmar que el OPGW es un cable de doble funcionalidad, lo que significa que tiene varios propósitos. El primero es remplazar los cables de guarda tradicionales, en las líneas de transmisión eléctricas muy viejas se mejoran los niveles de corto circuito y disminuyen las fallas por descargas atmosféricas, debido al manejo de las fallas eléctricas proporcionando un paso a tierra sin dañar las fibras ópticas dentro del cable. Así mismo, al instalarse se le realizan mantenimientos a las torres y por último, como contiene fibras ópticas en su interior, las mismas son utilizados para optimizar el tiempo de disparos del sistemas de protecciones eléctricas, asi como brindar los servicios de telecomunicaciones internas de la empresa eléctricas y permite servicios externos a la red de banda ancha.

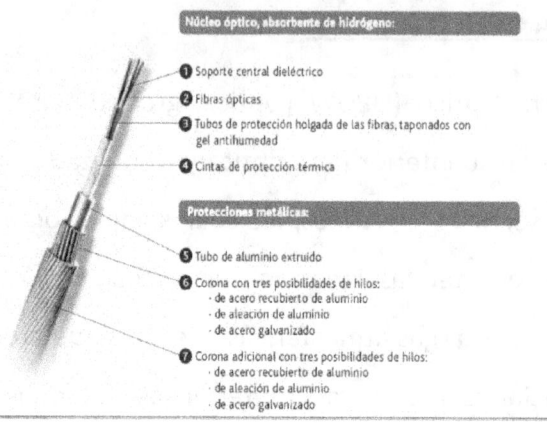

Núcleo óptico, absorbente de hidrógeno:
1. Soporte central dieléctrico
2. Fibras ópticas
3. Tubos de protección holgada de las fibras, taponados con gel antihumedad
4. Cintas de protección térmica

Protecciones metálicas:
5. Tubo de aluminio extruido
6. Corona con tres posibilidades de hilos:
   - de acero recubierto de aluminio
   - de aleación de aluminio
   - de acero galvanizado
7. Corona adicional con tres posibilidades de hilos:
   - de acero recubierto de aluminio
   - de aleación de aluminio
   - de acero galvanizado

CARACTERISTICAS DEL OPGW:

Características principales del OPGW las cuales se deben tomar en cuenta para realizar las especificaciones técnicas son las siguientes:

Ópticos: Determinación del número y tipo de fibras ópticas que debe albergar

Dimensionales: Diámetro máximo admisible

Atenuación: atenuación por kilómetro de la fibra

Mecánicos: Peso máximo admisible, Carga de rotura mínima, Coeficiente de dilatación, térmica lineal máximo, Módulo de elasticidad mínimo.

Eléctricos: Energía de cortocircuito mínima, Resistencia óhmica máxima, La longitud estándar de las bobinas suministradas está entre los 2.000 y 6.000 metros, según la configuración de la línea.

ELEMENTOS DE FIJACIÓN DEL CABLE OPGW:

El Cable OPGW tiene 3 tipos de elementos de fijación los cuales están divididos en tres grupos los cuales describiremos a continuación:

Conjunto de Suspensión:

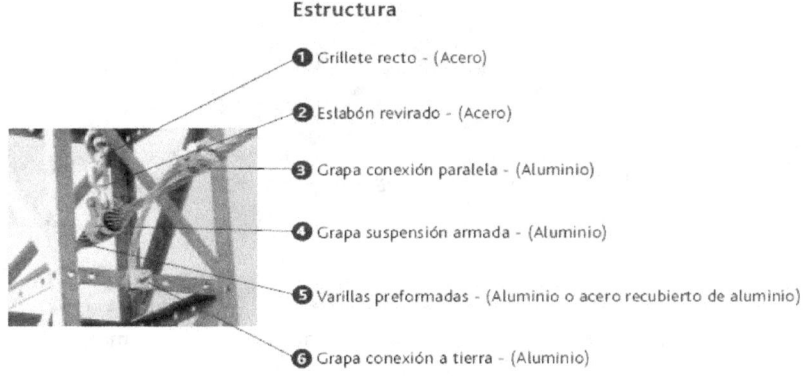

Estructura
1. Grillete recto - (Acero)
2. Eslabón revirado - (Acero)
3. Grapa conexión paralela - (Aluminio)
4. Grapa suspensión armada - (Aluminio)
5. Varillas preformadas - (Aluminio o acero recubierto de aluminio)
6. Grapa conexión a tierra - (Aluminio)

Pirelli y Sistemas Figura opgw 1

De acuerdo al tipo de torre se instalan las grapas, en la figura opgw 1, se muestra el Conjunto con grapa de suspensión armada las cuales tienenen un recubrimiento interno de neopreno, especialmente diseñado para OPGW. Incluye grapas de puesta a tierra para conexión a la torre.

Conjunto de Amarre:

El Conjunto de amarre tipo preformado contiene grapas de puesta a tierra para conexión a la torre y dependiendo del tipo de torre:

En las torres de amarre pueden ser de tres tipos:
- conjunto de amarre pasante: para torres intermedias
- conjunto de amarre bajante: para torres con cajas de empalme
- conjunto de amarre final: para torres finales

En torres de suspensión pueden ser:
- conjunto de amarre pasante: para torres intermedias
- conjunto de amarre bajante: para torres con cajas de empalme

Pirelli y Sistemas Figura opgw 2

Grapa de Bajada:

Se utilizan para fijar el cable a la torre en las bajadas a caja de empalme, normalmente son de aluminio y poliuretano. Existen varios tipos de grapas las cuales se mencionan a continuación:

- grapa individual, para un solo cable
- grapa doble, para dos cables
- grapa standard, para dos cables, adaptable a todos los diámetros

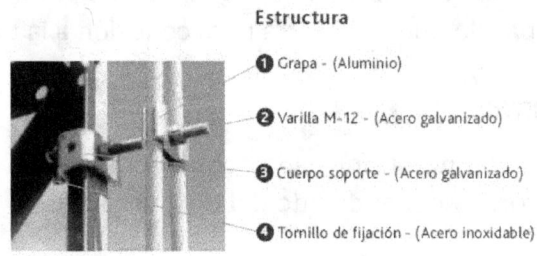

Pirelli y Sistemas Figura opgw 2

Amortiguador:

Los amortiguadores además de amortiguar la vibración del cable ayuda a minimizar las vibraciones eólicas de cualquier frecuencia de baja amplitud, que alcance a las abrazaderas del cable y establezca esfuerzo localizado en la unión del cable con la abrazadera, lo cual podría originar falla por fatiga. El número de amortiguadores se determina tomando en cuenta los siguientes parámetros:

- condiciones climáticas
- distancia entre torres
- tipo de cable

así mismo, existen dos tipos de amortiguadores:

- amortiguadores amorfos, para cables de hasta 12 mm. de diámetro.
- amortiguadores Stockbridge, para todo tipo de diámetro.

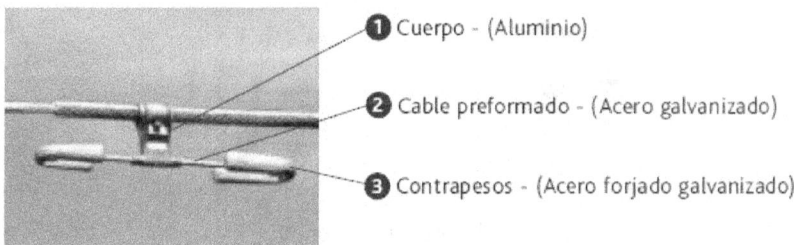

Pirelli y Sistemas Figura opgw 3

Caballete:
Se utiliza cuando la torre presenta dificultades para fijar los cables OPGW, se instala tanto en torre de suspensión como de amarre.

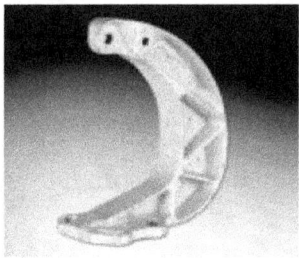

Pirelli y Sistemas Figura opgw 4

Esquema General del OPGW instalado

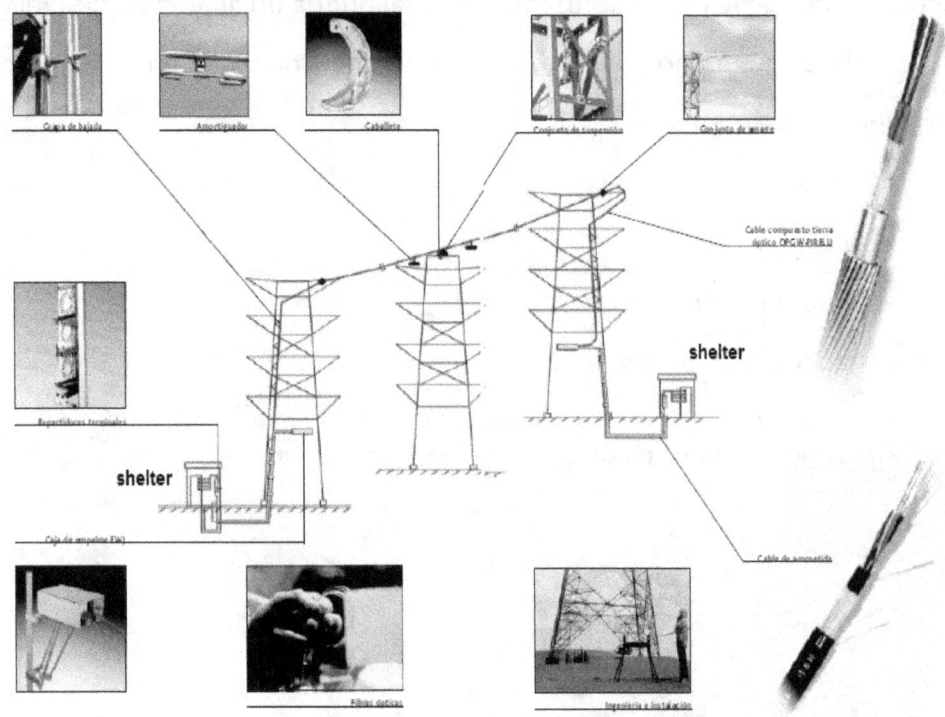

Pirelli y Sistemas Figura opgw 5

Instalación de Fibra Óptica OPGW

La instalación del Cable OPGW en las líneas de Transmisión se realizan de la siguiente manera:

- Tendido de cable en líneas energizadas (En Caliente)
- Tendido de Cable de frenado en líneas con corte de servicio (en Frio)
-

Para realizar el tendido en líneas energizadas se debe realizar el siguiente procedimiento:
- Instalación de Kevlar
- Maquina de Halado (Robot)

- Poleas
- Winche y freno

Para realizar el tendido de cable OPGW con líneas energizadas se deben hacer los siguientes procedimientos:

Instalar el Cable de Kevlar:

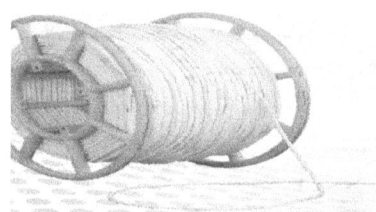

Imagen de Carrete de Kevlar

- La cuerda KEVLAR debe ordenarse en tramos con longitudes discretas. Es necesario realizar una ingeniería preliminar para determinar que longitudes de cuerda KEVLAR se deben unir para cubrir la longitud del vano.
- Previamente se colocan marcas en la chaqueta del KEVLAR (cinta plástica pegante) para identificar la ubicación de cada una de las poleas guía.
- Con el uso de la Máquina de Halado o Robot, se extenderá el KEVLAR y las Poleas Guía por todo el vano. Uno vez completado el vano (A) se continuará al vano (B) hasta completar la sección de tendido, la cual consta generalmente de 10 a 15 vanos.

SADEVEN imagen 1

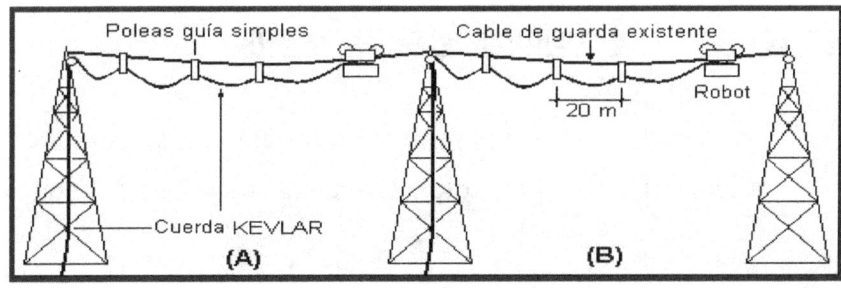

- Una vez completado el vano se atará la cuerda KEVLAR a la torre por medio de estrobos de acero y grilletes.
- A continuación se presentan las Poleas Guía para el tendido del OPGW en caliente.

Poleas Guía para el Tendido del OPGW en Líneas Energizadas (en caliente)

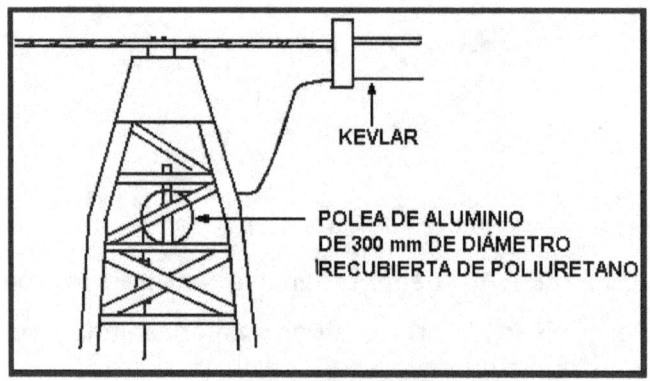

SADEVEN imagen 2

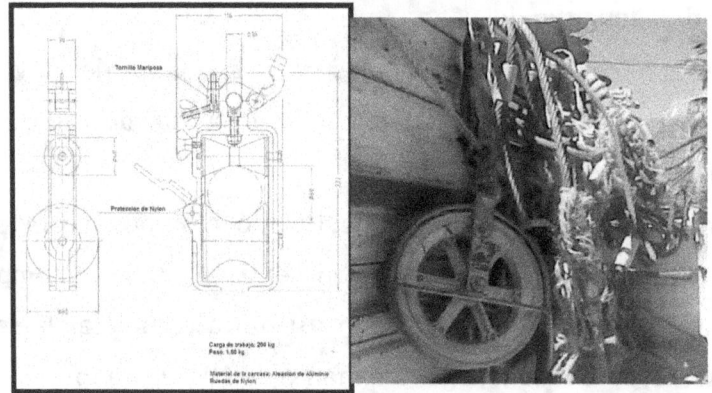

SADEVEN imagen 3

INSTALACIÓN DE LA CUERDA KEVLAR (A MANO)

- Se procede a unir diferentes longitudes de cuerdas Kevlar para obtener la longitud total adecuada de acuerdo con el vano considerado, seguidamente se deben unir los sujetadores de las poleas a la cuerda Kevlar.

- La cuerda Kevlar se sujeta a un mecate de halado y se procede con el izado de la cuerda hacia el tope de la estructura.
- Se debe pasar el Mecate de Halado unido a la cuerda Kevlar por una polea de aluminio de colocada en la parte superior de la estructura de la torre lo más próximo al cable de guarda. A medida que la cuerda Kevlar es extendida, se fijan las poleas a la misma.
- El extendido de la cuerda se efectuará a mano con una persona que se ubicara a nivel del suelo, manteniendo el mecate de halado separado de los conductores.

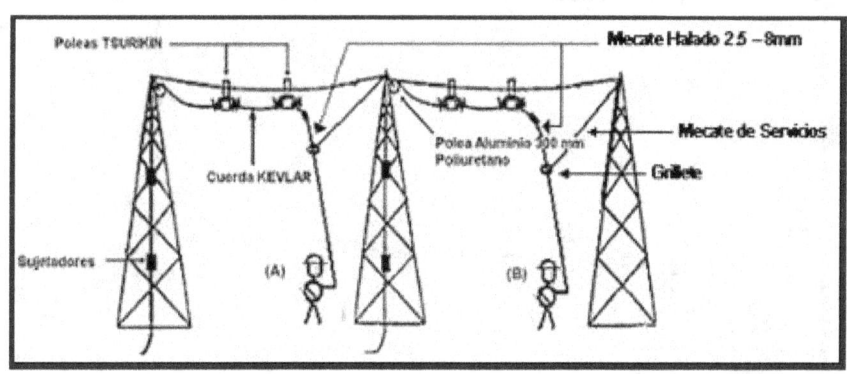

SADEVEN imagen 4

- Una vez completado el vano (A) se pasa al vano adyacente (B) y se repite el mismo procedimiento.
- Cuando este llegando la cuerda Kevlar a la torre siguiente para completar el vano, se halará la cuerda Kevlar pasando el mecate de halado por un grillete que estará conectado a un mecate de servicio el cual se mantendrá tensado hasta lograr que la cuerda Kevlar llegue a la torre.

- Cuando se complete el proceso de colocación de las poleas en el vano, se debe anclar la cuerda Kevlar a las torres mediante una guaya y grillete tipo "U". Y del lado del vano donde termina el trabajo de halado a mano se desconecta la cuerda Kevlar del mecate de halado.

TENSADO DE LA CUERDA KEVLAR

Se debe colocar la marca de flechado y el flechímetro en el nivel A según se muestra. De esta forma se determina la posición del cable de guarda existente. Esta verificación debe ser hecha incluso antes de extender la cuerda KEVLAR y las Poleas Guía.

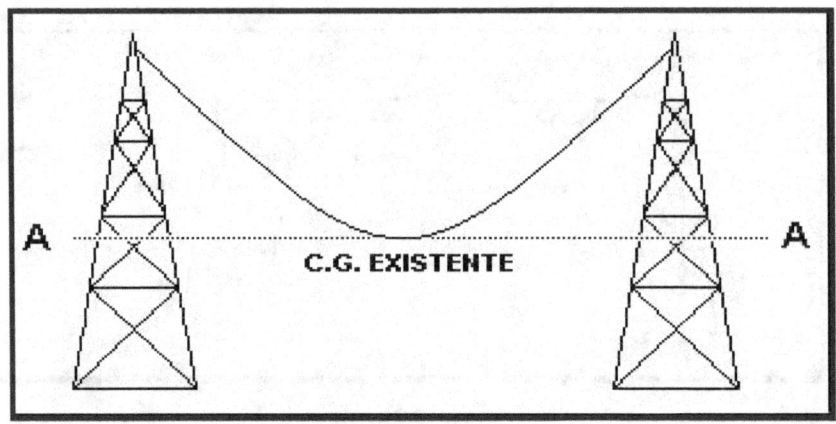

SADEVEN imagen 5

Conociendo este nivel de flecha A para el cable de guarda existente, la experiencia indica que para cables de guarda convencionales (Acero Galvanizado y ALUMOWELD) de 60 mm^2 (caso CORPOELEC) y para vanos del orden de los 300 m, al instalar la cuerda KEVLAR y las Poleas Guía se puede esperar un incremento en la flecha de 1,00 m. Para vanos de 450 m este incremento es del orden de los 1,60 m, alcanzando el conjunto la posición B.

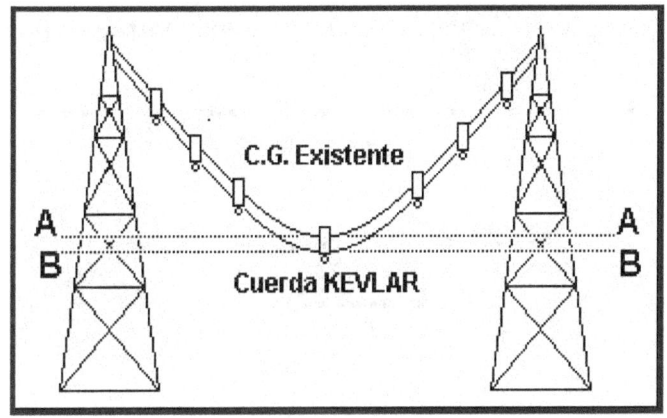

SADEVEN imagen 6

TENSADO DE LA CUERDA KEVLAR

A continuación con el uso del retenedor de KEVLAR se aplica tensión a la cuerda KEVLAR, la cual pasará de la posición B a la posición A.

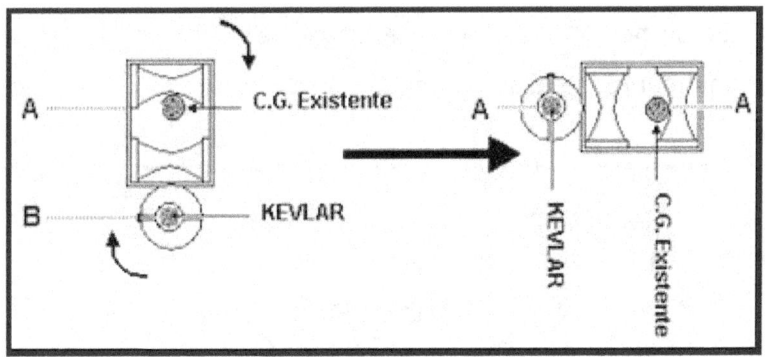

SADEVEN imagen 7

En este punto el cable de guarda existente y la cuerda KEVLAR se encuentran paralelos y ubicado en el Nivel A. La tensión sobre el KEVLAR se aproxima a los 500 kgf.

Se continúa aplicando tensión hasta que las Poleas Guía dan vuelta colocándose la cuerda KEVLAR por encima del cable de guarda existente. En este momento la cuerda KEVLAR tiene una tensión de aproximadamente 90% de la correspondiente al cable de guarda existente (aproximadamente

700 kgf). En este punto la cuerda KEVLAR se encuentra ubicada en el Nivel C.

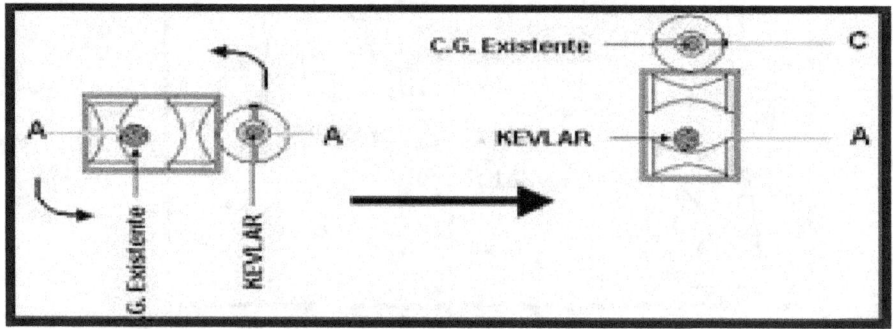

SADEVEN imagen 8

Después de que la cuerda KEVLAR ha sido tensada, esta se convierte en soporte del cable de guarda existente. En este momento se procede a remover los tornillos de las grapas de amarre, se remueven los tornillos de las grapas de suspensión, se coloca el cable de guarda existente sobre las poleas y finalmente se disminuye la tensión sobre el cable de guarda existente.

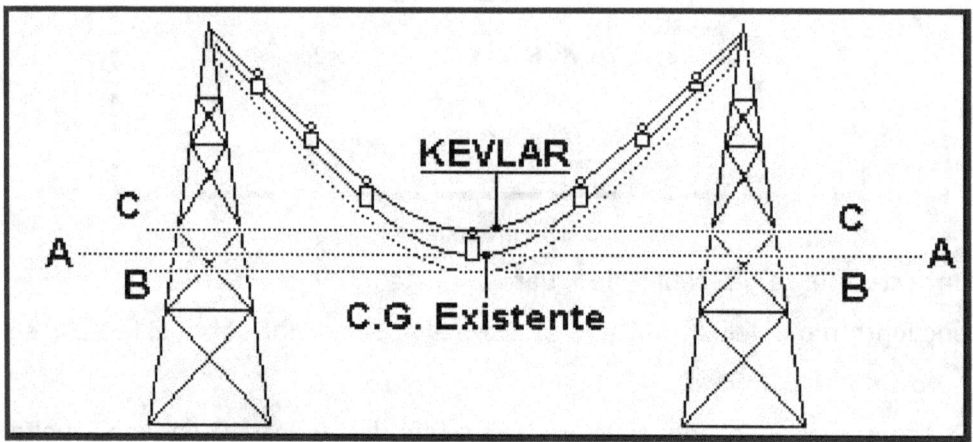

SADEVEN imagen 9

Este cable de guarda existente ahora bien protegido y soportado, será utilizado como hilo piloto en el tendido del OPGW.

TENDIDO DEL CGFO (RETIRO DEL CABLE DE GUARDA EXISTENTE)

- Una vez que se ha disminuido la tensión sobre el cable de guarda existente y este descansa sobre poleas, se procede con el tendido del cable CGFO.
- Para el halado se deben disponer del winche y freno en los extremos de la sección de tendido.
  - ➤ En lado del freno se conecta el cable de guarda existente con el CGFO, utilizando una Media de Halado y un dispositivo antigiratorio.
  - ➤ En el lado del winche se une el cable de guarda existente a los tambores del winche.
- A continuación se aplica tensión al cable de guarda existente y se procede a tender suavemente el cable CGFO. (Al mismo tiempo se remueve el Cable de Guarda existente)

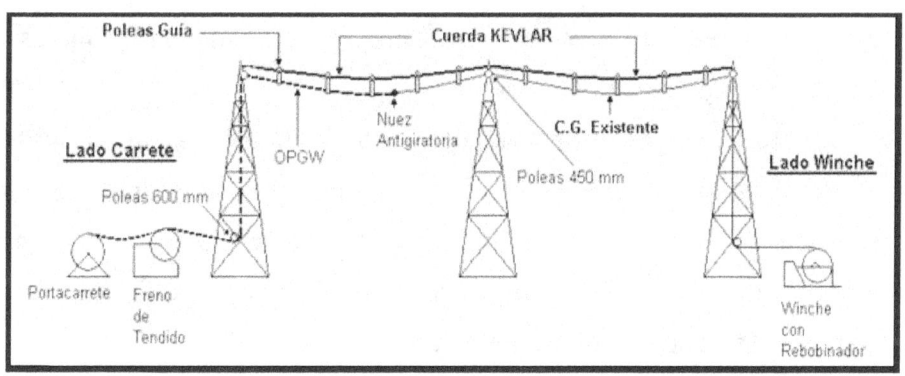

SADEVEN imagen 10

RETIRO DE LA CUERDA KEVLAR Y LAS POLEAS GUÍA

Una vez el carrete de OPGW ha sido extendido en toda la sección de tendido, se procede a fijarlo provisionalmente en cada una de las torres con el uso de grapas a compresión ("ranas") o dispositivos preformados.

FLECHADO DEL OPGW (AMARRES Y SUSPENSIONES)

- ➢ Una vez que hayan sido removidos todos los elementos que descansaban sobre el CGFO (Poleas Guía y cuerda KEVLAR), se procede a realizar el flechado por el método tradicional de medición directa de flechas en las torres.
- ➢ Inmediatamente después de concluir el flechado, se procede a colocar las grapas de amarre y suspensión.
- ➢ Seguidamente se colocan los amortiguadores

MÉTODO DE TENDIDO FRENADO EN FRÍO DE OPGW

- ➢ Este es el método tradicional, ampliamente aplicado en las líneas de transmisión venezolanas.
- ➢ Este método de trabajo se lleva a cabo con las líneas desenergizadas.
- ➢ A diferencia del Método de Tendido en Caliente, el Método de Tendido Frenado en Frío no utiliza Cuerda Kevlar ni Poleas Guías, En este método, el Cable CGFO es tendido de la primera a la última torre del tramo de tendido con el uso del Freno y Winche.

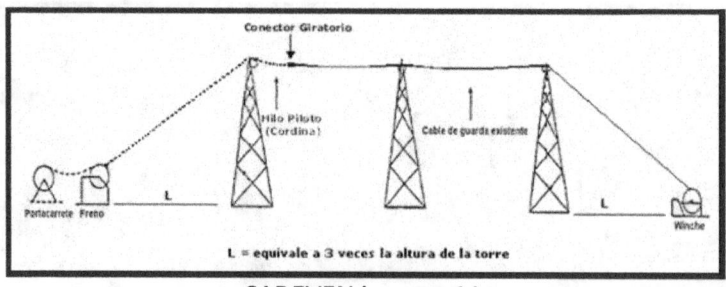

SADEVEN imagen 11

Lista de Materiales Utilizados en el Tendido:

Malla de unión para conductores:

Esta fabricado de acero de alta resistencia y su función es para unir temporalmente los conductores o cable de OPGW durante el tendido:

Empalmes Giratorios:

Su función es unir el piloto de tiro con la malla de tiro montada sobre el conductor evitando la acumulación de torsión.

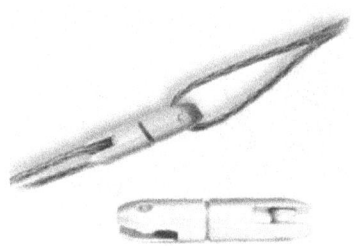

Traguardo para medición de Flecha:

Utilizado para realizar el flechaje antes de comenzar el tendido utilizando el método de visión directa.

Poleas:

Alza bobina mecánico

Winche y Freno

ELABORACIÓN DE EMPALMES:

- El empalme se realiza por fusión de dos extremos de las fibras a unir, por medio de un equipo especial, una vez hecho el empalme este se coloca en una placa de ensamble preparada con los dispositivos necesarios para la fijación de los cables.

CAJAS DE EMPALMES:

- La placa de ensamble se aloja en una caja de empalmes que deberá proporcionar estanqueidad en su interior.
- Esta caja se fija en la estructura mediante un aditamento de anclaje de acero galvanizado, al igual que las bajadas del cable CGFO.

TENDIDO DE ADSS

Criterios utilizados antes de hacer el tendido

Antes de realizar el tendido se debe tomar en cuentas una serie de factores los cuales son importantes para comenzar la obra como se indica a continuación:

- Realizar Reflectometria al carrete antes de ser instalado con la finalidad de verificar el estado del cable.

- La altura mínima del tendido debe ser 6.5 mts sobre la base del poste
- Se debe colocar entre 40 cm a 1.5 mts de la cruceta si el cable es de la empresa eléctrica y si es de un tercero debe colocarse a 3 mts
- Se debe disponer de un carro con cesta para la manipulación de los herrajes
- Utilizar poleas mínimo de 3 pulgadas
- Planificar el trabajo para el tendido
- Planificación de Logística
- Realizar una revisita del sitio
- Tener a la mano los permisos de vialidad, alcaldía, Corpoelec, etc
- Curso de seguridad industrial dictado por la empresa Eléctrica
- Plaza de tendido
- Dejar por lo menos 100 mts de reserva a lo largo de cada kilómetros instalado, para garantizar una contingencia.

\multicolumn{3}{c}{MATERIALES PARA REALIZAR EL TENDIDO DE ADSS}		
ítem	Objeto	Descripción
1	Fibra Óptica	SM, 24H, ADSS
2	Bandeja con Pig-tail y Tapas	De 12 posiciones con adaptador FC
3	Protector de Buffer Plástico	Para interior de armario de Equipos
4	Abrazadera tipo Omega ¾"	Fijar fibra en pared de tanquilla
5	Manguitos Termoencogibles	Para Empalmes de fibra óptica
6	Crucetas de Reserva	Para fijación de Reserva en Poste
7	Abrazadera para retenida en poste	4 1/2". 2 piezas por unidad
8	Herrajes de Suspensión Intermedia	Brida de Suspensión
9	Retenida Preformada	Espiral de Amortiguación
10	Freno de Cota de Acero	Espiral para Cobertura
11	Horquilla Guardacabo	Soporte para Retenida Preformada
12	Alargadera de Horquilla	Herraje accesorio de Extensión
13	Perno Hexagonal	½" x 4"
14	Tuerca Hexagonal	½" diámetro
15	Arandela	½" diámetro interno
16	Pasador	Para Perno de ½" diámetro
17	Perno Hexagonal	5/8" x 3"
18	Tuerca Hexagonal	5/8" diámetro
19	Arandela	5/8" diámetro interno
20	Pasador	Para Perno de 5/8" diámetro
21	Grillete	Herraje para Sujeción de Amortiguador
22	Tornillo Hexagonal	3/8" x 3 ½"
23	Ramplug Expansivo	3/8" x 3 ½"
24	Tubería PVC 4"	Tubo plástico rígido 3m
25	Tubería PEAD 1 1/4"	Subductos para Acometidas
26	Anillo para Conduit 2"	Tubo metálico
27	Tubería Conduit 2"	Tubo metálico
28	Fleje de 1"	Sujeta Tubería Conduit
29	Riel Unistrut	Unidades de 3 m
30	Ramplug Drop-in	Para concreto 1 ½"
31	Abrazadera para riel Unistrut	Pareja de abrazaderas
32	Caja de paso	40x40x15 cm (16"x16"x6")
33	Tubería Plástica ¾"	Tubo plástico corrugado 10m
34	Tie-wrap	Paquete
35	Espuma Expandible	Lata en aerosol de 750ml
36	Concreto	Para sellado de canalizaciones

Materiales Utilizados en el Tendido de ADSS

Amarres Amortiguadores de Vibraciones DESH-4:

Amarre especial con tenaza trenzado especial de hebras en espiral que se coloca en un lugar determinado del vano que posee vibración dado su longitud. El cable en este tipo de amarre no sufre ningún tipo de empalme o interrupción.

Amarres Intermedios de Soporte tipo SUI4:

Soporte vertical del cable aéreo en el poste. No soporta tensiones laterales si no verticales. El cable aéreo con Fibra Óptica no presenta en este amarre variaciones de ángulo fuerte si no suaves de unos 170º máximo. El cable en este tipo de amarre no sufre ninguna alteración o interrupción.

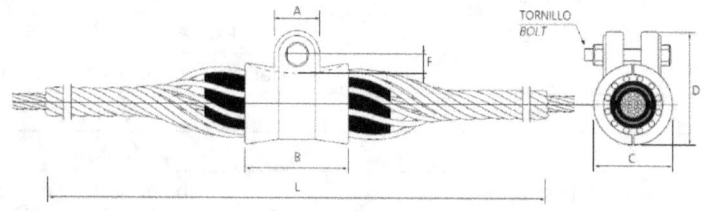

Fuente: WGSA

Amarres Intermedios de Tensión tipo SUIH-4:

Amarre que está constituido por tenaza especial que se fija a presión sobre el elemento tensor dieléctrico de cable, que le dan retención de halado longitudinal al cable. El cable en este tipo de amarre no sufre ningún tipo de empalme o interrupción.

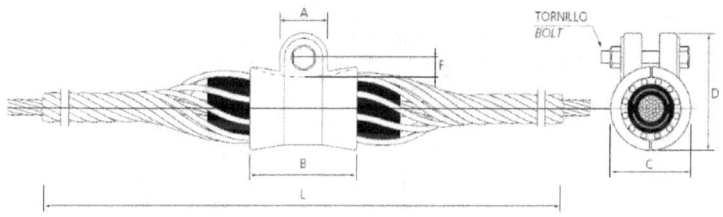

Fuente: WGSA

Amarre Terminal tipo DEDH-4:

Agarrador de extremo que soporta la tensión terminal en un extremo; en poste intermedio o en poste donde se coloca reserva de cable con Fibra. Está constituido por tenaza especial que se fija a presión sobre el elemento tensor dieléctrico de cable, que le dan retención de halado longitudinal al cable, este elemento sujetador se acopla al elemento de tornillo de libre giro que va sujeto al poste terminal o intermedio.

Este amarre permite un cambio de dirección de 90º para bajar en el tendido aéreo del Cable con Fibra.

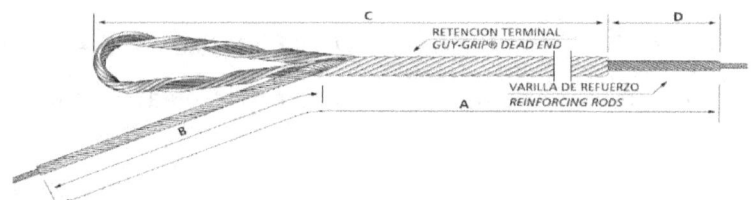

Fuente: WGSA

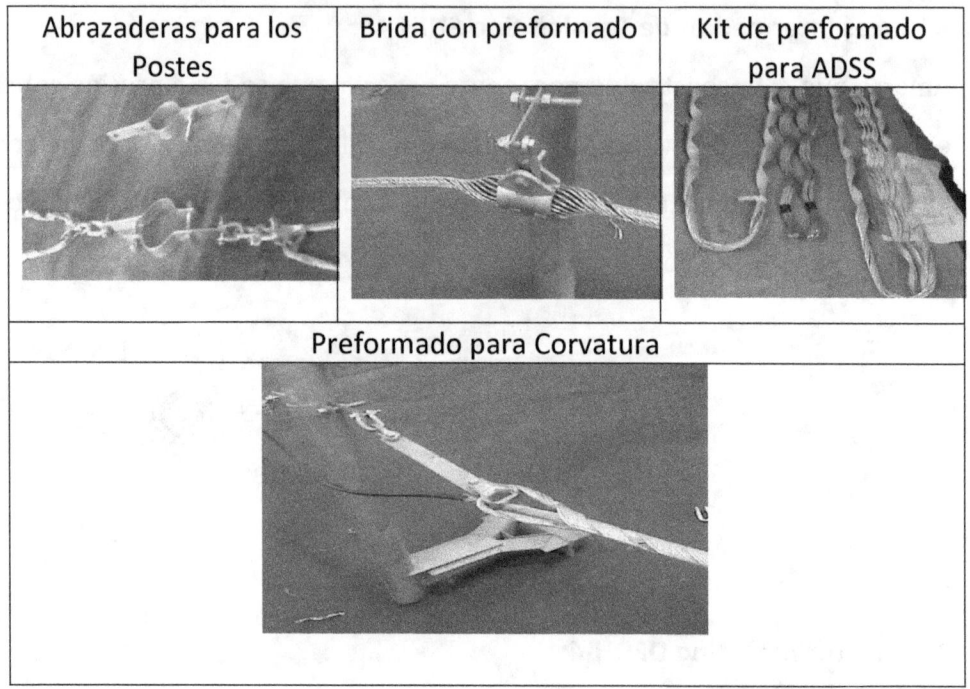

Tendido de Fibra Óptica ADSS

Existen tres tipos de métodos para realizar el tendido de fibra óptica ADSS, como lo son el manual, mecánico (Winche) y Hibrido (manual y mecánico) para todos se debe por lo menos cumplir con los siguientes procedimientos:

- Respetar el radio mínimo de curvatura del cable de ADSS, recomendado en las especificaciones técnicas del cable a instalar.
- El carrete se coloca suspendido sobre gatos o grúa, de manera que pueda girar libremente y de forma que el cable salga del carrete por su parte superior.

- La tracción del cable debe realizarse en el sentido de su generatriz. No debe doblar el cable para obtener mejor apoyo durante el tendido.
- Durante el tendido se debe colocar una persona que verifique si el cable está saliendo adecuadamente del carrete.

Método de Tracción Manual:

En el extremo del Carrete se dispondrá un nudo giratorio y se atará una cuerda de cáñamo de por lo menos 25 mm de diámetro y 25 metros aproximados de longitud, para pasarla por el poste donde está colocada la polea que sirve de guía
para que los operadores puedan realizar la tracción sobre la cuerda, a la velocidad normal del paso de un hombre, hasta que el cable llegue al poste siguiente, donde se detendrá para pasar de nuevo la cuerda por la polea y continuar realizando la tracción. Se ubicaran ayudas intermedias cuando se requiera una fuerza mayor de tracción en la punta del cable para evitar que el cable se arrastre por el suelo, por ello es recomendable hacer el tendido por las poleas, una vez concluido el tendido se procede ha colocar los herrajes. Tiempo de tendido por kilómetro(24 horas promedio)

Tendido con Camión Cesta

Otra Forma es Colocando el cable con el camión cesta haciendo lo mismo del anterior pero desde el camión cesta como se muestra en la figura (tiempo promedio de tendido por kilómetro 10 Horas dependiendo de lo complicado del tramo), se recomienda realizar el tendido del cable primero y después colocar los herrajes.

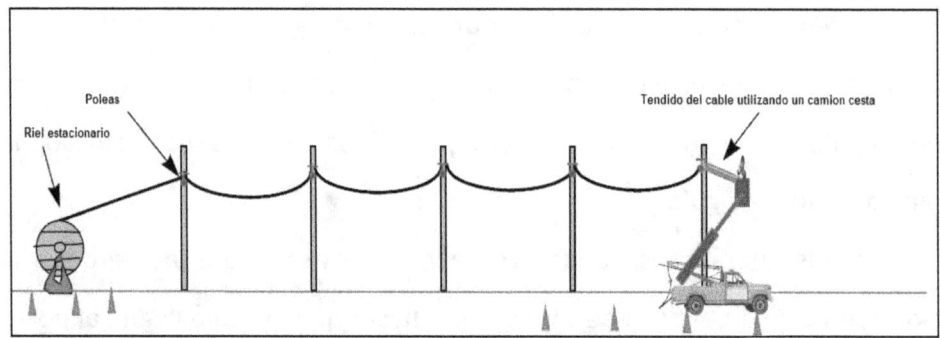

Tendido con Jeep o Camioneta (Manual y Mecanico)

Asi mismo, se utilizando un jeep o camioneta se asegura la punta de la fibra a un tubo del vehículo y se pone a circula a muy baja velocidad para halar el cable. Esta técnica se debe realizar en zonas rectas ayudados con los linieros para asegurar que el cable no sufra mientras se realice el tendido. (tiempo promedio de tendido por kilómetro 8 Horas)

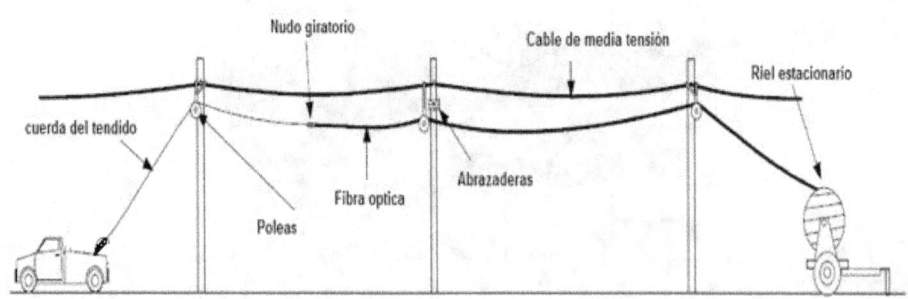

Tendido Mecanico (Winche)

Este es el método más recomendado para realizar el tendido, por la disminución de horas hombre para hacer el trabajo Utilizando el Método con Winche (tiempo promedio de tendido por kilómetro 1 Horas)

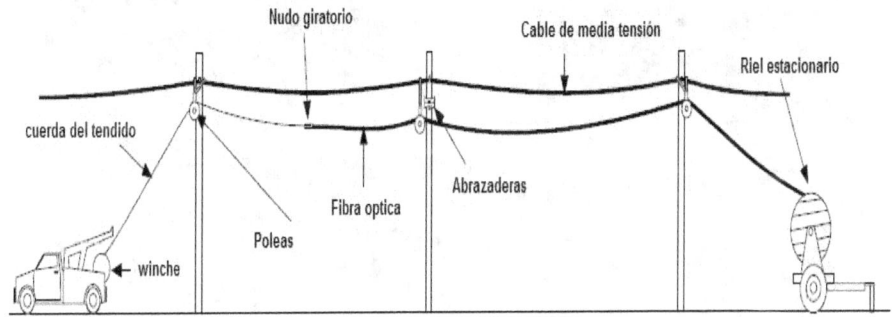

Colocación de herrajes y Tendido de Fibra ADSS

Colocación de Herraje con Camión Cesta	Colocación de Abrazadera para brida con Liniero usando Cinchas

Herraje Instalado en Estructura	Bajada de fibra (Z) con extensiones
Cruceta con reserva	

Tendido de Fibra Óptica ADSS

Ajuste de Herraje con Camión Cesta	Cruce de Línea

Colocación de Brida	Bajada de fibra (Z) con extensiones
Colocación de Separadores de madera en líneas de distribución	Llegada del ADSS por el techo
Poda de Arboles para lanzar la Fibra	Colocación de Brida

TENDIDO DE CABLE DIELECTRICO

INSTALACIONES DE FIBRA OPTICAS SUBTERRANEAS

Las Instalaciones Subterraneas son muy importantes para las redes de banda ancha, para realizarlas se recomienda utilizar subductos de alta densidad de polietileno (HDPE) y cable de fibra opticas dielectrico antirroedrores, con la finalidad de evitar fallas por mordeduras de roedores, o dielectrico (esta sujeto a falla por mordeduras de roedores), este procedimiento esta enfocado a las instalaciones subterraneas exteriores, desplegando el cable por ductos o subductos.

A continuación se muestra los procedimientos para realizar un tendido de fibra optica subterraneo:

Planificación y Logística:

Primero se debe realizar la planificación del trabajo, revisar los permisos municipales, hacer una revisita de la ruta, revisar en forma detallada los planos, tener a disposición las herramientas y materiales y los dispositivos de seguridad y garantizar los pasos de peatones y vehículos.

Materiales:
- Malla de Tiro, Nudo Giratorio, Bentonita, Tacos de Anclaje, Tornillos, Abrazaderas, Extractor (en sótanos), explosimetro (en sitios donde hay concentraciones de gases), arena, cemento, otros

Equipos y Herramientas:
- Planos del Proyecto, Zanjadora (cuando se requiera), Martillo, Subducto HDPE, Winche, sopladora, remolque hidráulico, rana, dinamómetro, cizalla, sistema de poleas para canalizaciones, llave para tanques, conos, cintas, etc

Procedimientos previos antes de la Instalación

- Las zonas donde se realicen los trabajos han de estar debidamente acotadas y señalizadas (señales de aviso y peligro) de acuerdo a la autoridad competente del lugar en el que se ejecuten los trabajos.
- Se debe asegurar que las tanquillas estén limpias antes del tendido.
- Realizar la identificación previa de las tanquillas
- Transporte adecuado de los carretes
- Transporte adecuado del carrete

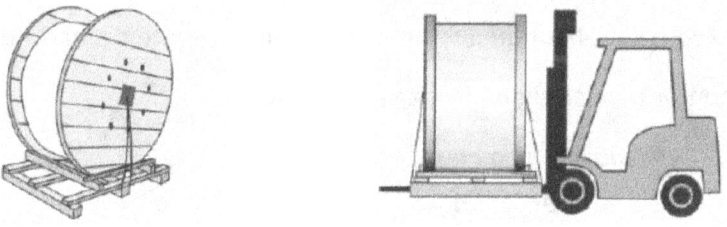

ZTE Figura 1

- Desenrollo adecuado del carrete

ZTE Figura 2

- Si el suelo presentase irregularidades que pudiesen deteriorar el cable, deberán llevarse a cabo tareas de adecuación del mismo.
- Realizar la lubricación de cable y subducto o conducto con anterioridad al tendido, y cuando sea necesario disminuir el rozamiento entre el cable y el conducto, se procederá a la

lubricación con lubricantes destinados a tal fin y que cumplan una serie de características.
- Cualquier derramamiento de lubricante deberá limpiarse tan pronto como sea posible utilizando el procedimiento recomendado por el fabricante.

La técnica del lubricado de cable de fibra optica y subducto es la acción de suministrar lubricante a los elementos que intervienen en el tendido de cable, evitando fricciones, fatiga del cable, así como se facilita el tendido en el conducto o en el subducto, por ello el lubricante empleado debe por lo menos contar con las siguientes características:

- *Adecuación a las temperaturas exteriores.*
- *Propiedades ignífugas.*
- *Características consistentes durante el proceso de instalación.*
- *No afectará a las propiedades de la cubierta del cable, tubo, conducto o subducto durante y después de la instalación.*

Este material se aplica especialmente en las zonas de tracción del cable y justo antes de las curvas. La cantidad de lubricante a utilizar puede calcularse aproximadamente utilizando la siguiente fórmula:

$$C = 0,00378 \cdot L \cdot (DIN + DEN)$$

Donde:

C = Cantidad de lubricante en litros.

L = Longitud del tendido en metros

DIN = Diámetro interior nominal del conducto en centímetros

DEN = Diámetro exterior nominal del cable en centímetros.

Existen varias técnicas para realizar el tendido pero cualquiera de ellas utiliza el procedimiento de mandrilados. La acción de mandrilar consiste en tener comprobada la continuidad del conducto o subducto, para pasar un hilo con una punta de una determinada longitud y diámetro para su comprobación.

Además es necesaria la utilización del hilo guía que ha de poseer el conducto elegido para el tendido. Se conecta la malla de tiro con el nudo giratorio para conectar el cable. Con esto, la punta del cable preparada para el cable de tiro se engancha a un extremo del nudo giratorio. Así mismo, el cable guía se ata al otro extremo del nudo giratorio, asegurándose que el nudo realizado consigo mismo no desliza.

Permisos Municipales

Se debe realizar ls tramites respectivos para obtener los **permisos** de de paso para saber si las tuberías de servicios públicos de gas, agua, alambres, cables y conductos existen en la ruta donde se realizara el tendido o zanjado si se requiere, para evitar el daño de cualquiera de estos servicios de utilidad publica.

En caso que exista una tubería de gas debe gestionarse los trabajos con la empresa prestadora de servicio

Normas de Prevención.
a continuación se mencionan una serie de normas de seguridad y prevención las cuales se deben tomar en cuanta a la hora de realizar el trabajo:

- Delimitar con señales visibles, como son barreras con rayas amarillas y negras a 500 metros antes de la obra y la señal más cercana a 150 metros de la misma, las señales adicionales con intervalos de 150 a

- 300 metros. En caso de vías de alta velocidad, se aumenta la distancia de la señal a 800 metros.
- En zonas curvas se colocan semáforos a 80 metros del sitio de trabajo, además se utilizan avisos y banderas en los extremos para el control del tráfico. Este personal será identificado con chalecos llamativos y banderolas de color rojo. En caso de lluvia, utilizarán impermeables de color amarillo.
- El personal de los extremos que controla en tránsito debe tener equipos de radio para comunicarse.

Señalizaciones recomendadas para realizar la obra:

- Mecheros: Fijos y a base de combustible.
- Banderolas: En movimiento, manipuladas por bandereros.
- Conos: Fijos y de color naranja.
- Semáforos: A 80 metros de las obras e intermitentes.
- Tambores: Pipotes metálicos de color negro y naranja.
- Barreras: Pintura reflectante negra y naranja.
- iluminación y Reflectorización: Señal en horas nocturnas.
- Señales de mensajes: Son letreros de reducción de velocidad, desvío vial y señal final de zona de trabajo.

La Empresa contratante debe de asegurar que la empresa contratista realice los cursos de seguridad y coordinar el plan de seguridad para garantizar la ejecución de los trabajos en forma segura y saludable para los usuarios.

TIPOS DE TENDIDOS SUBTERRANEAS

Existen varios tipos de tendidos subterráneos en este ensayo vamos a referirnos a dos los cuales a continuación se mencionan:

- *Tendido manual.*
- *Tendido mediante "BLOWING" o Soplado.*

Tendido manual

Esta técnica se denomina manual distribuida ya que la tracción es realizada manualmente y se distribuye los esfuerzos entre los operarios ubicados en los tanques y/o tanquillas por donde pasara el cable de fibra óptica. De este modo, la tensión total del tendido es distribuida independientemente por secciones de canalización entre tanques y/o tanquillas, en cada tanquillas el operario sólo tiene que vencer la tensión generada por el peso del cable y el rozamiento de éste y el subducto correspondiente a la sección de canalización comprendida entre la tanques y/o tanquilla anterior, como se indica en la figura:

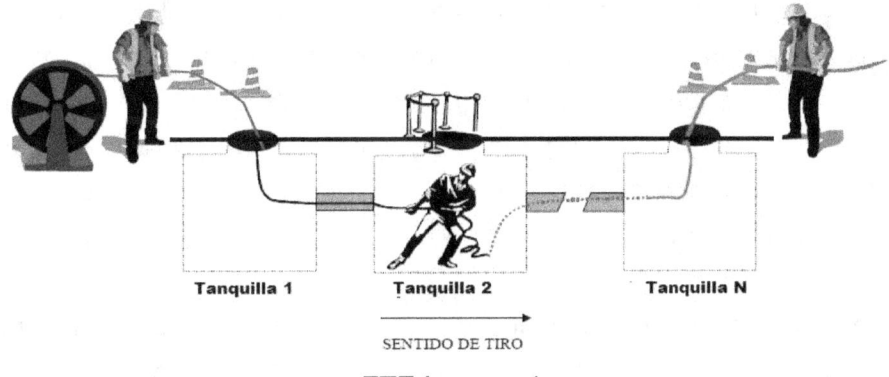

ZTE Imagen 1

El supervisor de la cuadrilla debe habilitar un encargado del carrete el cual controlara el tendido y parada del carrete, así mismo, disponer de radios, para coordinar el tendido.

Por lo consiguiente, en todos los tanques o tanquillas, donde se está colocando el cable debe haber un liniero para garantizar el buen desarrollo del trabajo y en donde existan cambio de dirección en el recorrido, se coloca un liniero para coordinar el tiro y otro embocando el cable en el subducto de salida para evitar que se produzcan torsiones o cualquier deformación axial del cable.

Es importante utilizar el explosimetro en los tanques y/o tanquilla que estén cerca de instalaciones de gas para evitar accidentes y tomar las previsiones necesarias para realizar el tendido.

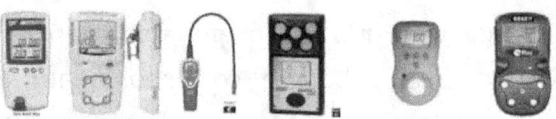

Diferentes modelos de explosimetros

Los linieros que intervienen en los subductos de salida y en la operación de tiro, controlan la longitud de cable almacenado, para disminuir, si fuese necesario, la presión de tendido en la tanquilla adyacente y regular así la velocidad, de modo que se garantice que no se cierra el lazo, y que se mantenga ampliamente el radio mínimo de curvatura y la independencia de tensiones entre secciones.

El operario de la primera tanquilla intermedia (tanquilla 2) tira del hilo guía del subducto de entrada del cable hasta que éste llegue, momento en que lo comunica a la tanquilla donde se inició el tendido (tanquilla 1) para que paren el carrete.

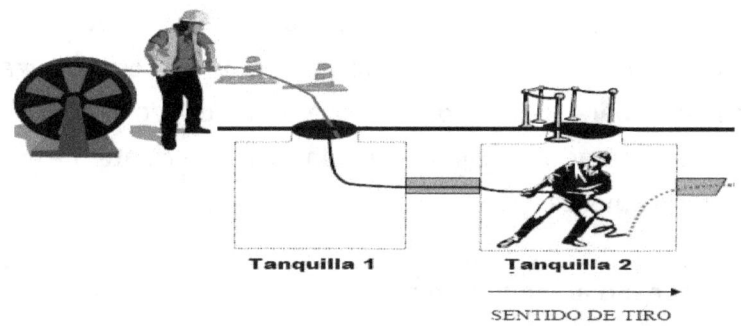

ZTE Imagen 2

En la figura ZTE Imagen 1, una vez ordenada la parada del carrete, el operario desata el hilo guía utilizado en esa sección y ata el nudo giratorio al hilo guía situado en el subducto de salida del cable hacia la tanquilla 3, comprobando que la atadura sea resistente. Se comunica a la tanquilla 1 que continúe el tendido.

En el caso en que la tanquilla corresponda a un cambio de dirección, el operario desatará el hilo guía utilizado en esa sección y creando previamente un lazo, con un radio tan amplio como le permita el lugar donde esté ubicada la tanquilla, atará igualmente al nudo giratorio el hilo guía situado en el subducto de salida del cable hacia la tanquilla 3, tal y como se ha explicado anteriormente.

Reanudado el trabajo, el operario de la siguiente tanquilla (tanquilla 3) realiza las mismas operaciones que realizaba el operario de la tanquilla anterior (tanquilla 2). Mientras, éste tira del cable paralelamente al eje del mismo, sin retorcerlo, y dejando suficiente longitud de formación de plazo para que la operación se realice como se ha indicado.

El ritmo de tendido lo establece el operario que tira del hilo guía, es decir el más alejado del carrete.

En el caso que exista un cambio de dirección, se realizará una reducción paulatina del radio de curvatura del lazo. Antes de que esto ocurra, se debe dar la orden de parada del proceso en el tanque y/o tanquilla siguiente hasta que el operario recupere la cantidad suficiente de cable para proseguir normalmente.

Una vez, terminado el tendido se procede a instalar el cable en su recorrido por las tanquillas. Debido a que en el proceso anterior es probable que no haya quedado justamente el cable que se necesita para su instalación definitiva, no se procede a realizar ésta simultáneamente en todas ellas, sino que se comienza por la penúltima, de forma que si falta o sobra cable, éste debe ser cogido o recogido de la tanquilla anterior. De esta forma se va instalando el cable en las tanquillas, empezando por la penúltima y terminando en la segunda. Este proceso debe realizarse con especial cuidado, puesto que se debe colocar el sobrante de cable dentro de la tanquilla, manteniéndose siempre por encima del radio mínimo de curvatura establecido.

Finalmente se corta el carrete dejando almacenada y debidamente "peinada" en la estructura dispuesta a tal efecto, la longitud suficiente de cable para alcanzar holgadamente la zona donde se realiza el empalme.

En caso de Tendido de gran Magnitud:

Se ubica el punto medio de extracción, mientras se monitorea la tensión con el dinamómetro, tire del cable desde la tanquilla y/o tanque ubicado en el punto medio y enrolle el cable hacia arriba, hasta la superficie, como se indica en la siguiente figura:

CommScope imagen 1

Para realizar el enrollado del cable fuera del tanque y/o tanquilla, instale dos conos de tráfico de 10 a 15 pasos de separación (más para cables más grandes). Entrelace flojamente el cable alrededor de los conos formando una figura de ocho. Los bucles grandes y no demasiado ajustados le ayudarán a que el cable no se enrede.

CommScope imagen 2

Al reanudar la extracción, el cable se desenrollará de la parte de arriba de la forma de 8. (La terminal del cable se mueve a la parte superior de la pila.), cuidando el cable almacenado se recupera correctamente, sin crear deformaciones axiales, y siempre manteniendo el radio mínimo de curvatura establecido.

El tiempo utilizado en este tipo de tendido equivale por kilometro equivale a 3 días promedios

Método del Tendido soplado

El método de tendido de soplado se describe como un tendido neumático utilizado para instalaciones canalizadas de cables de telecomunicación, que consiste en insertar los cables directamente a presión (insuflación), pudiendo ser colocado el cable en una sola operación. Por lo general este método se utilizan para enlaces en canalizaciones exteriores muy largos o para disminuir tiempos de instalación en tendidos urgentes o difíciles.

Para este tipo de tendido es necesaria la utilización de una oruga de cable para aumentar el empuje (utilizada para apoyar la fuerza de empuje durante la insuflación de cables de fibra óptica de 10-27mm de diámetro), así como un compresor, siendo necesario que los conductos o tubos para cables no presenten ninguna deformación.

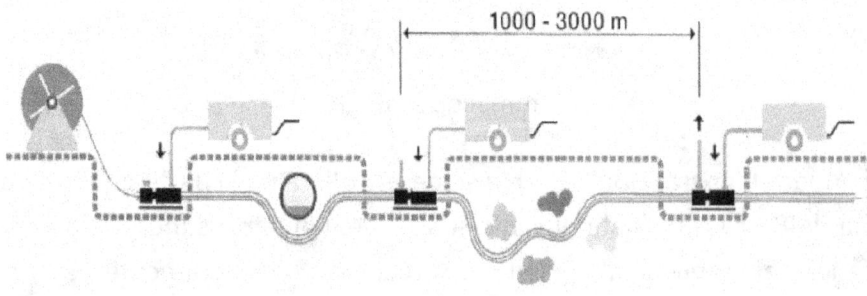

Procedimientos para realizar este tipo de método

- Los cables deben ser calibrados antes de ser insuflados, con el fin de que los conductos deformados no interrumpan el proceso de insuflación.

- Para ensayar el trazado de conductos se pasa una punta medidora a presión por el conducto de material sintético. La sonda incorporada emite impulsos de alta frecuencia localizables hasta una profundidad de 4 metros. En caso de que la punta medidora se atasque debido a las deformaciones del conducto, los impulsos emitidos se convierten en una señal óptica y acústica permanente al acercarse el aparato de localización a la sonda. La señal alcanza el máximo cuando el aparato de localización se encuentra directamente encima de la sonda.

- El soplado se realiza por medio de un sistema de insuflación que se utiliza para colocar los cables de fibra óptica en los tubos de protección para cables.

- El cable puede instalarse soplando en cascada o recuperando el cable en determinados puntos y volviendo a soplar en ese punto. Esto también se hace para instalar el cable en la otra dirección, cuando el carrete inicial se ha colocado en el medio de la semi-sección a tender. La elección de la colocación del carrete y el sistema de tendido cascada o no, debe hacerse considerando todas las posibles curvaturas de la canalización e intentando cuando sea posible que la máquina sople secciones en cuesta abajo para facilitar el tendido. Se puede decir que se puede instalar un carrete en 2, 3 o 4 fases dependiendo de la longitud de la misma, y de los factores descritos anteriormente. Hay que tener en cuenta que en las tanquillas intermedias que no se emplean para el soplado se ha de dar continuidad el conducto empleado para el soplado, teniendo especial cuidado con las curvaturas del subducto y la estanqueidad de las uniones para evitar pérdidas de presión.
- Para el tendido ya del cable, se puede emplear un émbolo convencional o un émbolo medidor con sonda.

Émbolos convencionales

El sistema trabaja en un campo de velocidad comprendido entre 8 - 80 m/min, con el fin de colocar los cables sensibles a la tracción con el mayor cuidado posible en los conductos.

El sistema de insuflación dispone de un aparato de medición que indica constantemente la velocidad así como la longitud de cable colocada y que desconecta automáticamente el proceso de insuflación al alcanzar los valores límites. Además, a través de una unidad de regulación se ajusta la entrada de aire comprimido y con ello la velocidad del émbolo de manguito en el campo prefijado.

- Durante el proceso de insuflación, el cable de fibra óptica pasará por la oruga de cable con la pieza de empalme de aire comprimido integrada, que estará equipada con discos de junta especiales.

- En caso de que el aire comprimido suministrado por el compresor no fuera suficiente para impulsar el émbolo de manguito al que está acoplado el cable, se conectaría la oruga de cable neumático para apoyar el empuje.

- Se dotará al émbolo de un dispositivo de retención, con el fin de que en caso de quedar detenido el cable, desde el otro lado del tubo se pueda empujar una guía de inserción plástica con aparato de retención, o disparar el aparato de retención mediante un cable auxiliar y acoplarlo al émbolo.

Maquina Sopladora

- Durante la realización de los trabajos se han de tener en cuenta las siguientes condiciones
    - La maquinaria sólo puede ser utilizada en el momento en que esté en las condiciones técnicas debidas y vaya a ser manejada por personal cualificado, plenamente consciente de los riesgos que pueden derivarse de la operatividad de las máquinas.

    - Se debe proceder a rectificar inmediatamente cualquier desorden funcional, en especial todo lo que pueda afectar a la seguridad del equipo.

    - La maquinaria debe operar dentro de los límites de utilización adecuados y con la debida observación de las instrucciones del manual operativo y otras directrices de inspección y mantenimiento.

A continuación se muestra el manual de instalación de Caja de Empalme utilizado en el proyecto de Red de Transporte de Banda Ancha suministrado por la empresa Prysmian.

CAJA DE EMPALME
INSTRUCCIÓN DE MONTAJE PLP - GO-T-48

1.-PREPARACIÓN DEL CABLE OPGW:

1.1. Se debe chequear si la extremidad del cable presenta núcleo óptico, lo cual puede haber se retraído en el tubo de aluminio durante el tendido el cable. Si hubo retracción, el cable debe ser cortado hasta el punto donde el núcleo óptico se encuentre.

1.2.- Se retira la armadura metálica del cable OPGW en una longitud de 4m desde su borde.
RECOMENDACIÓN: Antes del corte de la armadura se debe aplicar una cinta adhesiva para mancar el punto del corte y para mantener los hilos de la armadura fijos después de cortados.

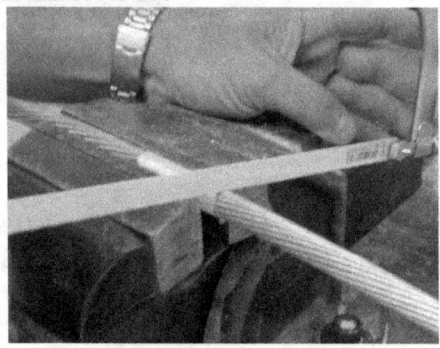

Prysmian Imagen 1

1.3.- Se corta el tubo de aluminio dejando 5cm a partir del punto de corte de los hilos de armado. Se retira el tubo de aluminio, dejando visible el tubo loose.

Prysmian Imagen 2

RECOMENDACIÓN: Para efectuar esta operación se utiliza un corta tubos de aluminio con el objetivo de evitar que el núcleo óptico se dañe.

1.4.- Se aplica la pasta selladora sobre los primeros 10cm de la armadura metálica.

Prysmian Imagen 3

1.5.- Se aplica 2 camadas de la cinta auto-fusión (negra) sobre la región donde se aplicó la pasta selladora y sobre 4cm del tubo de aluminio.

Prysmian Imagen 4

RECOMENDACIÓN 1: La cinta auto-fusión debe ser tensionada durante su aplicación de manera que su anchura sea reducida hasta 15mm.

Prysmian Imagen 5

RECOMENDACIÓN 2: Caso la punta final de la cinta auto-fusión no se fije bien, se puede utilizar la cinta adhesiva (verde) para fijarla.

1.6.- Se aplica otras 6 camadas de la cinta auto-fusión sobre el tubo de aluminio en la región

vecina a la armadura metálica.

1.7.- Se corta el elemento de tracción del núcleo óptico (hilos de aramida) a 50cm del borde

del tubo de aluminio.

1.8.- Se repite las mismas etapas descritas para la preparación de la otra punta del cable

OPGW que será empalmado.

2. FIJACIÓN DEL CABLE OPGW EN LA CAJA DE EMPALME:

2.1. Se saca los 4 tornillos centrales de la base inferior de la caja y se remueve su parte móvil.

2.2. Se desprende la cinta metálica que fija la cubierta de aluminio de la caja y sé la remueve.

2.3. Se saca las tuercas de aluminio internas.

2.4. Se posiciona la protección metálica circular en el centro del canal guía de la base y sé la traspasa con el cable OPGW hasta que la armadura metálica del cable OPGW haga contacto con el agujero de la base.

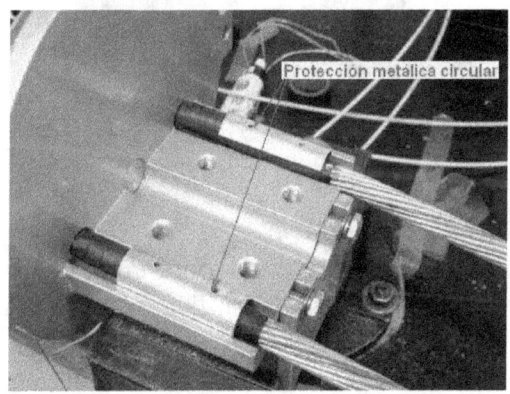

Prysmian Imagen 6

2.5. Se recoloca la parte móvil de la base con los cables OPGW ya posicionados y se aprieta los 4 tornillos centrales hasta que las arandelas de presión queden planas.

2.6. Para fijar los cables en la base, se aprieta los 4 tornillos laterales con el torque de 0,5kgf.m (equivalente a 5N.m o 50lb.in).
OBSERVACIÓN: Los tornillos no necesitan estar con la cabeza sentada en la base, lo que se exige es el respecto al torque especificado para no provocar daños en el cable OPGW.

Prysmian Imagen 7

2.7. Se recolocan las tuercas de aluminio internas, apretándolas hasta que toquen la base.

Prysmian Imagen 8

3. **PREPARACIÓN PARA EL EMPALME**
3.1. Con mucho cuidado se corta el tubo loose en el punto marcado 2cm. Se saca el tubo loose cortado, dejando las fibras ópticas visibles.

RECOMENDACIÓN: Para efectuar esta operación se utiliza un cortador de tubo loose con el objetivo de evitar que las fibras ópticas se dañen.

Prysmian Imagen 9

3.2. Se saca el tubo loose, retirando todo el gel, dejando las fibras ópticas totalmente limpias y libres.

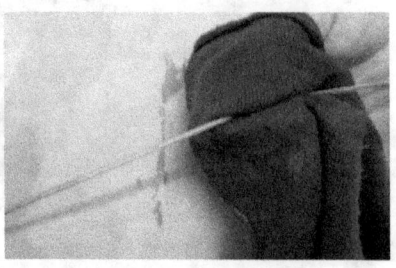

Prysmian Imagen 10

3.3. Se debe introducir todas las fibras ópticas en 2 metros de una manguera termoplástica transparente con 5/32" de diámetro.

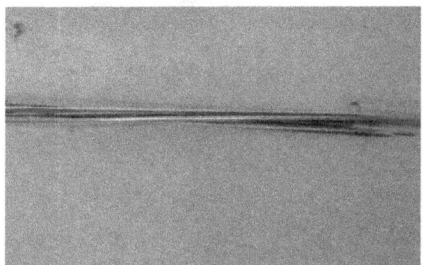

Prysmian Imagen 10

3.4. Se enrolla 2 vueltas de la manguera transparente con la fibra óptica en la parte inferior de caja de empalme atándola con presillas.

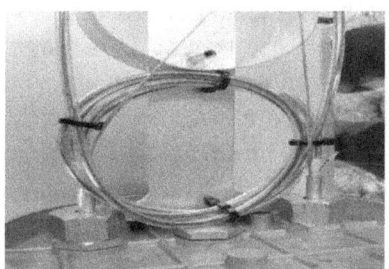

Prysmian Imagen 11

3.5. Se enrolla 2 vueltas más de la manguera transparente con la fibra óptica alrededor de la parte trasera de la bandeja de empalme, atándola en las presillas.

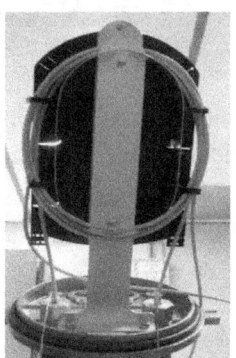

Prysmian Imagen 12

3.6.- Se aplica 2 camadas de cinta auto-fusión (negra) alrededor del soporte metálico de las bandejas de empalme. La aplicación se inicia en una altura de 5cm a partir de la base y se extiende por un largo de 5cm.

Prysmian Imagen 13

3.7. Se fija los elementos de tracción de los núcleos ópticos (hilos de aramida) en el tornillo ubicado en la parte trasera de la bandeja de empalme. Todos los hilos de aramida de los dos cables que serán empalmados deberán ser reunidos en un solo fajo y enrollados en el tornillo por debajo de la arandela. Los hilos deben ser enrollados en el sentido horario para que el posterior apriete del tornillo provoque un pequeño incremento de tracción en los hilos.

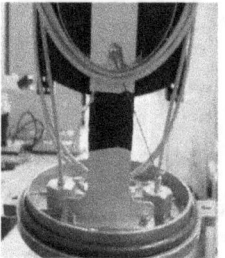

Prysmian Imagen 14

IMPORTANTE: Se debe chequear si los hilos de aramida después de fijados se encuentran ligeramente traccionados.

3.8. Se remueve la tapa y la bandeja de empalme superior para acceder y trabajar en la bandeja empalme inferior (fija).

NOTA: Atención especial con el manejo de las tuercas e arandelas de cerramiento de las bandejas. Debido a sus dimensiones reducidas se corre el riesgo de perderlas.

3.9. Se identifica y marca el punto de fijación final de la manguera transparente en la bandeja y se introduce un tramo de tubo loose internamente en la manguera para se obtener una mejor fijación con las presillas.

3.10. Por medio de presillas plásticas, se fija, en la lateral de la bandeja, la manguera transparente en el punto donde esta el tramo de tubo loose.

Prysmian Imagen 15

3.11. Se debe utilizar 2 bandejas para una mejor acomodación de los empalmes. Las 48 fibras deben ser divididas en dos partes: las primeras 24 fibras deben ser empalmadas en la primera bandeja y las 24 fibras restante deben ser transportadas para la segunda bandeja por medio de un tramo de 25cm de manguera transparente. La fijación de la manguera en las bandejas debe ser hecha siempre utilizando tramos de tubo loose en los puntos de apriete de las presillas.

Prysmian Imagen 16

3.12. Se repite las etapas descritas en los ítems anteriores para la segunda extremidad de cable OPGW, de manera que su punto de fijación final ocurra en el otro lado de la bandeja.

3.13. Se remueve de las bandejas los peines de fijación de los empalmes de las extremidades de la bandeja, dejando la bandeja con más espacio para la acomodación de las fibras óptica.

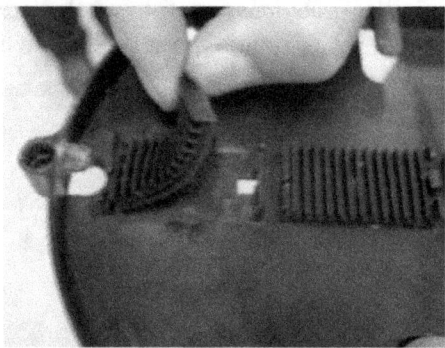

Prysmian Imagen 17

3.14. Se limpian las fibras y se acomoda una volta y media de longitud de fibra óptica alrededor de la bandeja.

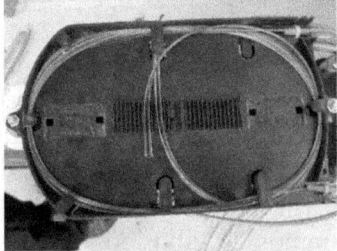

Prysmian Imagen 18

3.15. Tan pronto sean realizados, los empalmes deberán ser protegidos, colocados en los peines de la bandeja e el exceso de fibra debe ser almacenado formando círculos dentro de la bandeja.

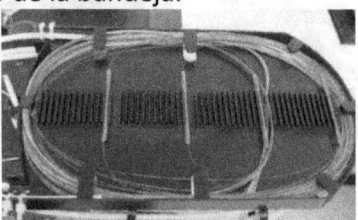

Prysmian Imagen 19

3.16. Después de la realización de los empalmes, la bandeja debe ser cerrada con la colocación de la tapa e el apriete de las tuercas.

Prysmian Imagen 20

3.17. Se cierra la caja con su cubierta de aluminio, fijándola con la cinta metálica.

4. FIJACIÓN DE LA CAJA DE EMPALME EN LA ESTRUCTURA

4.1. Con el tornillo suministrado se prende la base inferior de la caja de empalme en el soporte de fijación en la estructura.

IMPORTANTE: La cabeza hexagonal del tornillo debe ser presa en el acople hexagonal de la base inferior de la caja de empalme.

Prysmian Imagen 21

4.2. Para fijar la caja de empalme en la estructura se debe acoplar la parte posterior del suporte en la ala de la cantonera de la estructura y apretar el tornillo.

IMPORTANTE: La caja de empalme debe ser fijada en posición vertical. La entrada de los cables en la caja debe ocurrir siempre por bajo de la caja de empalme.

RECOMENDACIÓN: Se debe instalar la caja de empalme siempre en la cantonera de las aristas de la estructura (donde las alas son mayores). La arista elegida debe ser la opuesta donde están ubicados los pedales para subida en la estructura. Preferencialmiente se debe instalar la caja de empalme internamiente en la estructura.

Prysmian Imagen 21   Pysmian Imagen 22

| Fibra Óptica Cuadro de Fusiones ||||
Búfer	Hilo	Color	Hilo	Color
Azul	1	Azul	1	Azul
	2	Naranja	2	Naranja
	3	Verde	3	Verde
	4	Marrón	4	Marrón
	5	Gris	5	Gris
	6	Blanco	6	Blanco
Naranja	7	Rojo	7	Rojo
	8	Negro	8	Negro
	9	Amarillo	9	Amarillo
	10	Púrpura	10	Púrpura
	11	Rosado	11	Rosado
	12	Aguamarina	12	Aguamarina
Verde	13	Azul	1	Azul
	14	Naranja	2	Naranja
	15	Verde	3	Verde
	16	Marrón	4	Marrón
	17	Gris	5	Gris
	18	Blanco	6	Blanco
Marrón	19	Rojo	7	Rojo
	20	Negro	8	Negro
	21	Amarillo	9	Amarillo
	22	Púrpura	10	Púrpura
	23	Rosado	11	Rosado
	24	Aguamarina	12	Aguamarina

Medición, Fusión y Mantenimiento de la Fibra Óptica

Para realizar la Medición, Fusión y Mantenimiento de la Fibra Optica se deben conocer una serie de conceptos los cuales permitirán la comprensión y agilidad para realizar el debido mantenimiento de las mismas.

Tipos de Conectores

Conectores FC

Son elementos situados en los extremos de la fibra optica, imprescindibles para la utilización y correcta administración de las redes de fibra optica.

Codificación del Conector

AAA ----------BBB------CCDD

AAA: Tipo de Conector: **Conector FC**
BBB: Tipo de Pulido del Conector: **Pulido PC**
CC: Diámetro del Recubrimiento del Cable de Fibra Optica: 09 = 900 micras,
$\qquad\qquad\qquad$ 20= 2mm
$\qquad\qquad\qquad$ 30=3mm
$\qquad\qquad\qquad$ 50=5mm
DD: Tipo de Fibra Optica: **SM=MONOMODO**

Código del conector utilizado Conector : FCPCXXSM

Imagen del Conector FC/PC

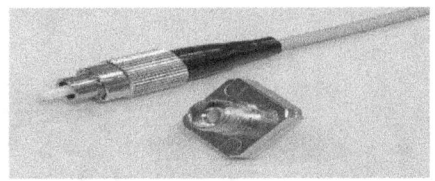

Características del Conector FC
Conectores FC/PC, FC/SPC

Conector con ferrule (Casquillo) de circonio(metal duro resistente a la corrosión) y pulido convexo. Además de sus óptimas características ópticas, este conector está diseñado de acuerdo a los estándares I-ETS 300671. Es el estándar de facto, y es compatible con todos los conectores PC (o SPC) en cumplimiento del estándar NTT-FC/PC.

Este es empleado para interconexión en planta por compañías operadoras de todo el mundo en aplicaciones de CATV, redes de telefonía..., donde se requiera un excelente comportamiento de la conexión óptica.

Patchcord:

Es un elemento de conexión formado por un cable corto de fibra óptica protegido, flexible con conectores en los dos extremos y sirve para hacer puente entre dos (2) rutas diferentes de fibra ópticas.

Tipo	Imagen	Características
ST/FC		Una pieza flexible de cable terminado con conector FC en un lado y con conector ST otro lado. Se usa para circuitos de interconexión en un cuadro de conexión, en un armario de cableado, o en el área de trabajo. ST / FC mono / multi modo, UPC / APC

FC/FC		Una pieza flexible de cable dúplex terminado en ambos extremos con un conector FC. Se usa para circuitos de interconexión en un cuadro de conexión, en un armario de cableado, o en el área de trabajo. FC mono / multi modo, UPC / APC
FC/FC		Una pieza flexible de cable terminado con conector FC en un lado y con con conector LC otro lado. Se usa para circuitos de interconexión en un cuadro de conexión, en un armario de cableado, o en el área de trabajo. SC / LC mono / multi modo, UPC / APC

Patch cord óptico monomodo y multimodo, FC/PC-FC/PC, duplex

Aplicación:

Telecomunicaciones ópticas
FTTH (fibra hasta el hogar)
Televisión por cable (CATV & CCTV)
Redes de transmisión de información
Equipos de telecomunicaciones
Redes locales

Características:

Bajas pérdidas directas y de retorno
Diferentes tipos de conectores
Manguitos estándar
Punta de circonio

Estándares:

En conformidad con las exigencias de los estándares IEC 60874-10, TIA/EIA-604-4A, Telcordia GR-326-CORE

	Diámetro exterior de la punta	2,5 mm
Fibra	Monomodo	9/125
Conector	Tipo	FC estándar
	Color del manguito	Azul, verde, beige
	Diámetro de entrada	Para cable de fibra óptica con diámetro de 0,9 mm, 2,0 mm, 2,4 mm, 3,0 mm
Material	Punta	Bióxido de circonio
	Resorte	SPS3
	Anillo - C	-
	Anilllo	Cobre
	Anillo compresor	Aluminio
	Manguito	Santopren (negro, azul, verde y otros colores)
	Manguito con protección contra el polvo	Naylon (negro, blanco)
	Elemento conector	Cobre
	Armazón	Cobre
	Almohadilla anular	Cobre
	Cable	Fibra óptica: 9/125 Protector PVC Hilod aramidas Forro de PVC
Longitud		1 m, 2 m, 3 m, 5 m
Características técnicas	Pérdidas directas	Cable monomodo: < 0,3 dB Cable multimodo: < 0,4 dB
	Pérdidas de retorno	> 45 dB
	Radio de la punta	10 mm < R < 25 mm
	Apex Offset	< 50 μm
	Temperatura de funcionamiento	a partir de -40°C hasta +85°C

Características del Conector terminado

Característica	Máximo	Típico
Longitud de onda	----	1.310/1.550 nm
Pérdida de Inserción (P.I.)	<0.5 dB	0.15 dB
Pérdida de Retorno (P.R.) FC/PC	>30 dB	32 dB
FC/SPC	>40 dB	42 dB
FC/UPC	>50 dB	52 dB
Estabilidad de la PI entre -20ºC y +70ºC	<0.1 dB	0.05 dB
Estabilidad de la PI durante 24 h al 90% HR y 40ºC	<0.2 dB	0.1 dB
Repetibilidad	P.I. < 0.1 dB en 1000 conexiones	
Vida operativa mínima	1000 conexiones/desconexiones	
Resistencia mecánica: caída, impacto y vibración	<0.10 dB	-----
Resistencia a la tracción sin degradación	-----	10 kg

Pig Tail: El "pigtail" es un "patchcord" de fibra óptica cortado al medio, que posee un conector prepulido en fábrica, el cual se empalma al extremo de la fibra. En tanto el "spider" o "fan out" es un conjunto de varios "pigtail" pre armado, que se conectan mediante empalme al extremo de la fibra.

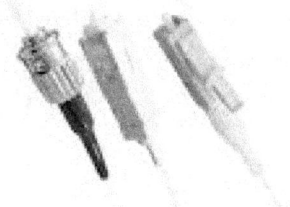

Fuente: *fibraopticahoy.com*

OTDR (Optical Time Domain Reflectometer): es un reflectómetro óptico en el dominio tiempo, un instrumento de medición que envía pulsos de luz, a la longitud de onda deseada (ejemplo 3ra ventana:

1550nm), para luego medir sus "ecos", o el tiempo que tarda en recibir una reflexión producida a lo largo de la fibra. Estos resultados, luego de ser promediadas las muestras tomadas, se grafican en una pantalla donde se observa el nivel de señal en función de la distancia. Luego se podrán medir atenuaciones de los diferentes tramos, atenuación de empalmes y conectores, atenuación entre dos puntos.

También se utiliza para medir la distancia a la que se produjo un corte, o la distancia total de un enlace, o identificar una fibra dándole una curvatura para generar una fuga y observando en la pantalla del OTDR ver si la curva se "cae".

Parámetro de medición: Índice de refracción, Ancho de pulso, Rango de medición en Km, λ (longitud de onda), cantidad de muestras, monomodo y multimodo.

Mediciones de: atenuación entre 2 puntos, pérdida en empalme, pérdida de retorno, atenuación por tramo, distancias a empalmes, cortes, tramos

Pérdidas por inserción: es la atenuación que agrega a un enlace la presencia de un conector o un empalme.

Pérdidas de retorno o reflectancia: es la pérdida debida a la energía reflejada, se mide como la diferencia entre el nivel de señal reflejada y la señal incidente, es un valor negativo y debe ser menor a -30dB (típico -40dB). En ocasiones se indica obviando el signo menos.

Light Source:

Es una fuente de luz continua de gran potencia y ancho espectro, generada a partir de pulsos láser o emisión láser continúa en un medio no lineal. Se utiliza para medir la pérdida en un enlace de fibra óptica.

Loose Tube:

Los tipos de estructuras de la fibra óptica son dos: la estructura del tipo cerrada o Tight Buffer, y la del tipo abierta o Loose Tube.
Con la primera se puede realizar la conexión directa, es decir, armar un conector directamente sobre la fibra. Para el segundo caso, como la fibra es muy frágil, es conveniente realizar la conexión con "pigtail" empalmados al extremo de la fibra. ("spider" o "fan out").

Bobina de Lanzamiento:

La bobina de lanzamiento consiste en una longitud determinada de fibra óptica, monomodo 10/125 ó multimodo 50/125 ó 62.5/125, que permite eliminar la zona ciega producida a la salida de los OTDR, permitiendo de esa manera la visualización completa de toda la longitud de f.o. a medir, incluyendo incluso el primer conector o empalme.

Mediciones

Para realizar las mediciones de fibra monomodo en redes de banda ancha se recomienda la siguiente tabla.

Distancia	Ancho de Pulso	Tiempo
0 a 4.9 Km	10 nano	30 segundos
5 a 30 Km	1 micro	30 segundos
31 a 70 Km	1 micro	45 segundos
71 a 120 Km	1.5 micro	90 segundos
121 a 160 Km	2.5 micro	120 segundos
161 Km. en adelante Se divide en dos tramos para realizar la medición		

Nota: para mediciones de 0 a 10 Km Utilizamos el siguiente esquema con bobinas de lanzamiento:

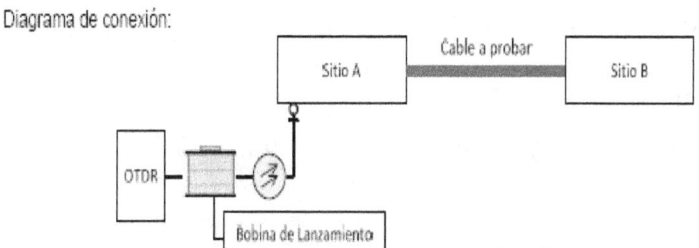

Antes de realizar la medición se debe realizar el siguiente cálculo de la perdida por tramo como se indica en la siguiente ecuación.

AT = AF x LT + AE x NE + AC x NC + AA x NA

Donde:
- **AT[dB]:** Pérdida Total del Tramo (en dB)
- **LT[Km]:** Longitud Total del Tramo (en Km)
- **AF[dB/Km]:** Pérdida de la Fibra por Kilómetro (en dB/Km)(Dato obtenido del fabricante)
- **AE[dB]:** Pérdida por empalme (en dB)(Dato fijo y como máximo es 0,20 dB)
- **NE:** Número total de empalmes en el tramo (Dato que varía según la distancia del carrete)
- **AC[dB]:** Pérdida por conector en el tramo (en dB)(Dato fijo y como máximo es 0,2 dB (valor establecido dependiendo del diseño de la fibra)
- **NC:** Número total de Conectores en el tramo
- **AA[dB]:** Pérdida por adaptadores en el tramo (en dB)(Dato fijo y como máximo es 0,1 dB)
- **NA:** Número total de adaptadores en el tramo.

una vez realizado el culculo, se debe configurar el OTDR de acurdo a los datos del fabricante de la fibra por ejemplo, es importante obtener el Indice de Reflexión del Cable para cargarlo en el OTDR como se indica a continuación.

Configuración básica en el OTDR

Para Realizar las mediciones con el OTDR, se debe realizar lo siguiente:

- IOR (Índice de Reflexión del cable): 1,467 (Prysmian); 1,4672 (LS)
- Longitud de onda de trabajo: 1550 nm
- Umbral de máxima atenuación por empalme: 0,2 dB
- Umbral de máxima reflectancia: <-28 dB
- Hora y fecha actual en el sistema operativo del OTDR.

Atenuación en Fibra Óptica:

Es la pérdida de potencia óptica en una fibra, y se mide en dB y dB/Km. Las pérdidas pueden ser intrínsecas o extrínsecas.

> **Intrínsecas**: dependen de la composición del vidrio, impurezas, etc., y no se pueden eliminar. Las ondas de luz en el vacío no sufren ninguna perturbación. Pero si se propagan por un medio no vacío, interactúan con la materia produciéndose un fenómeno de dispersión debida a dos factores:

  a) <u>**Dispersión por absorción**</u>: la luz es absorbida por el material transformándose en calor.

  b) <u>**Dispersión por difusión**</u>: la energía se dispersa en todas las direcciones.

> **Extrínsecas**: son debidas al mal cableado y empalme. Las pérdidas por curvaturas se producen cuando se le da a la fibra una curvatura excesivamente pequeña (radio menor a 4 o 5 cm) la cual hace que los haces de luz logren escapar del núcleo, por superar el ángulo máximo de incidencia admitido para la reflexión total interna. También se dan cuando, al aumentar la temperatura y debido a la diferencia entre los coeficientes de dilatación térmica entre fibras y buffer, las fibras se curvan dentro del tubo.

Atenuación por empalme:

Cuando se empalma una fibra con otra, en la unión se produce una variación del índice de refracción lo cual genera reflexiones y refracciones, y sumándose la presencia de impurezas, todo esto resulta en una atenuación. Se mide en ambos sentidos tomándose el promedio. La medición en uno de los sentidos puede dar un valor negativo, lo cual parecería indicar una amplificación de potencia, lo cual no es posible en un empalme, pero el promedio debe ser positivo, para resultar una atenuación.

Atenuación por tramo:

Es debida a las características de fabricación propia de cada fibra (naturaleza del vidrio, impurezas, etc.) y se mide en dB/Km, lo cual nos indica cuántos dB se perderán en un kilómetro.

Empalmes atenuados:

En algunos casos, la atenuación de un tramo de fibra óptica es tan baja que en el final del mismo la señal óptica es demasiado alta y puede saturar o dañar el receptor. Entonces es necesario provocar una atenuación controlada y esto se hace con la misma empalmadora, con la función de empalme atenuado. Una empalmadora puede desalinear los núcleos o darle un ligero ángulo a una de las dos fibras.

Empalmes promediados:

El resultado real de la medición de un empalme se obtiene midiéndolo desde un extremo, luego, en otro momento se mide desde el otro, y finalmente se toma como atenuación del empalme el promedio de ambas (suma sobre 2).

Fusión de Fibra Optica

Son empalmes permanentes y se realizan con máquinas empalmadoras, manuales o automáticas, que luego de cargarles las fibras sin coating y cortadas a 90º realizan un alineamiento de los núcleos de una y otra, para luego fusionarlas con un arco eléctrico producido entre dos electrodos.

Llegan a producir atenuaciones casi imperceptibles (0.00 a 0.10 dB)

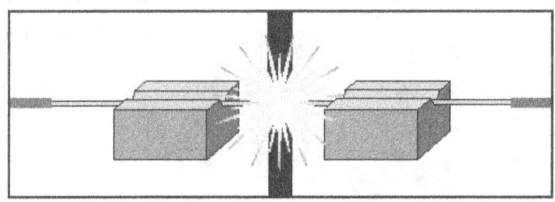

Fuente RXS: http://www.siecor.com/web/college/fibertutorial.nsf/introfto?OpenForm

Empalme de Fusión:

Unión de 2 Fibras a través del calor desprendido por un arco eléctrico, con una alineación tal que no se pierda casi energía óptica. Valor esperado máximo es de unos 0,0 A 0.2 dB.

Procedimiento para manejar la Empalmadora:

A continuación se muestran el procedimiento básico para operar la empalmadora:

EQUIPOS

1.- Con una pinza especial (125?) se pela (strip) unos 5cm de coating (color)		2.- Se limpia (clean) la fibra con un papel suave embebido en alcohol isopropílico	
3.- Se corta (cleave) la fibra a unos 8 a 16mm con un cutter o cleaver, con hoja de diamante, apoyando la fibra dentro del canal, haciendo coincidir el fin del coating con la división correspondiente a la medida. Una vez cortada, la fibra no se vuelve a limpiar ni tocar.		4.- Cuidando que la fibra no contacte con nada, se introduce en la zapata de la empalmadora, sobre las marcas indicadas. Repetir el procedimiento con la otra fibra.	
5.- En el display se verán las dos puntas, pudiéndose observar si el ángulo es perfectamente recto, sino fuera así la máquina no nos permitiría empalmar.	GAP SETTING	6.- Presionando el botón de empalme, estando la empalmadora ajustada en automático, la misma procederá a alinear en los ejes x e y, y a acercar las puntas a la distancia adecuada.	ALIGNING
7.- Una vez cumplido esto, a través de un arco eléctrico dado entre dos electrodos, aplicará una corriente de prefusión durante el tiempo de prefusión, y luego una corriente de fusión durante el tiempo de fusión.	## ARC ##	8.- Luego hará una estimación (muy aproximada) del valor de atenuación resultante.	ESTIMATING
9.- Valor Esperado varia ente 0 a 0..02 y fijrse si la fusión esta bien alineada, sino está bien alineada debe repetirse		FINISH LOSS=0.01dB HELP: How to Operate	

ítem	Objeto	Descripción	
1	OTDR	Reflectómetro	
2	Empalmadora	Fusionadora	

Planilla de Mediciones del ODF

Nivel de Tensión:

Sub Estación o Sede	Dirección de la Línea	Nro de Bandeja	Tipo de OPGW

Perdida Teorica:

Buffer	Atenuación	01	02	03	04	05	06	07	08	09	10	11	12
Azul	A → B												
	B → A												
Naranja	A → B												
	B → A												
Verde	A → B												
	B → A												
Marrón	A → B												
	B → A												

Distribuidor de Fibra Optica (ODF)

El *distribuidor de fibras ópticas ODF* facilita la centralización, interconexión y derivaciones de cables de F.O. en un rack normalizado.

Armario de ODF

Bandeja de ODF

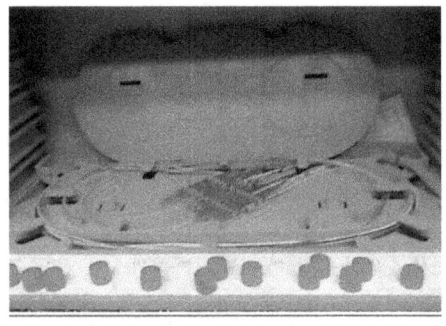 

Vista con microscopio el Conector

Conector sucio

Fuente: [Alcatel Lucent Tecnology]

Conector Limpio

Fuente:[Alcatel Lucent Tecnology]

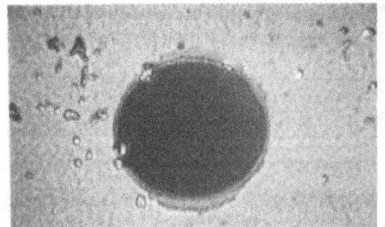

Conectores

Conector casi limpio – requiere

Limpieza adicional

Fuente: [Alcatel Lucent Tecnology]

Conector sucio por aplicación

de solventes incorrectamente.

Fuente: [Alcatel Lucent Tecnology]

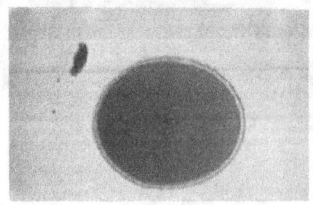
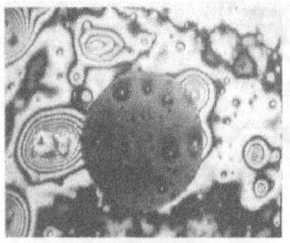

Referencias Electrónicas

http://www.yio.com.ar/fibras-opticas/atenuacion-fibras-opticas-potencia-otdr.php

http://www.telnet-ri.es/productos/cable-fibra-optica-y-componentes-pasivos/bobina-de-lanzamiento/

http://www.fibraopticahoy.com/pigtail-de-fibra-optica-om3/

http://www.plp-spain.com/en/telecom_ficha.aspx?id=258

http://www.yio.com.ar/fo/empalmes.html

http://www.yio.com.ar/fo/cajas.html

http://www.aflglobal.com/Products/Fiber-Optic-Cable/OPGW.aspx

http://telecomunicaciones.conocimientos.com.ve/2010/01/procedimeinto-para-la-instalacion-de.html

www.tranluz.com

www.uvmnet.edu/corrosion_04

http://communications.draka.com/Splash.aspx

www.revinca.com.

www.commscope.com

www.aven.es/...**iberdrola**/mt_2_51_01.pdf

www.trefinasa.com

www2.iberdrola.es/.../C458B2B31B1E0832

www.prysmian.com.ar/..

ZTE Terminos de referencia para el tendido de cable de fibra óptica

www.**ztt**cable.com/

SADEVEN Presentación del Tendido de OPGW

PRYSMIAN Manual de Instalacion de Cajas de Empalme PLP

Referencias Electrónicas

http://www.yio.com.ar/fibras-opticas/atenuacion-fibras-opticas-potencia-otdr.php

http://www.telnet-ri.es/productos/cable-fibra-optica-y-componentes-pasivos/bobina-de-lanzamiento/

http://www.fibraopticahoy.com/pigtail-de-fibra-optica-om3/

http://www.plp-spain.com/en/telecom_ficha.aspx?id=258

http://www.yio.com.ar/fo/empalmes.html

http://www.yio.com.ar/fo/cajas.html

http://www.aflglobal.com/Products/Fiber-Optic-Cable/OPGW.aspx

http://telecomunicaciones.conocimientos.com.ve/2010/01/procedimeinto-para-la-instalacion-de.html

www.tranluz.com

www.uvmnet.edu/corrosion_04

http://communications.draka.com/Splash.aspx

www.revinca.com.

www.commscope.com

www.aven.es/...**iberdrola**/mt_2_51_01.pdf

www.trefinasa.com

www2.iberdrola.es/.../C458B2B31B1E0832

www.prysmian.com.ar/..

ZTE Terminos de referencia para el tendido de cable de fibra óptica

www.**ztt**cable.com/

SADEVEN Presentación del Tendido de OPGW

PRYSMIAN Manual de Instalacion de Cajas de Empalme PLP

www.ingramcontent.com/pod-product-compliance
Lightning Source LLC
Chambersburg PA
CBHW081831170526
45167CB00007B/2788